山东省水利工程规范化建设工作指南

[项目法人(代建)分册]

唐庆亮　　杜珊珊　主　编

山东大学出版社
SHANDONG UNIVERSITY PRESS
·济南·

内容简介

本书在系统总结当前国家、水利部、山东省水利厅有关水利工程规范化建设工作方面规定和要求的基础上,结合实际情况与工作实践,系统阐述了项目法人(代建)在水利工程建设管理过程中应开展的主要工作。本书包括总则、项目法人组建、征地补偿与移民安置、工程招标、合同管理、工程质量管理、安全生产管理、进度管理、档案管理、水土保持和环境保护、工程验收、财务管理及附录等内容。本书可供水利建设与管理者使用,也可供高等院校水利工程类专业师生及相关人员学习参考。

图书在版编目(CIP)数据

山东省水利工程规范化建设工作指南. 项目法人(代建)分册/唐庆亮,杜珊珊主编.—济南:山东大学出版社,2022.9
ISBN 978-7-5607-7641-5

Ⅰ. ①山…　Ⅱ. ①唐…　②杜…　Ⅲ. ①水利工程－工程项目管理－规范化－山东－指南　Ⅳ. ①TV512-62

中国版本图书馆 CIP 数据核字(2022)第 188364 号

责任编辑　祝清亮
文案编辑　刘晓燕
封面设计　王秋忆

山东省水利工程规范化建设工作指南. 项目法人(代建)分册
SHANDONG SHENG SHUILI GONGCHENG GUIFANHUA JIANSHE
GONGZUO ZHINAN. XIANGMU FAREN (DAIJIAN) FENCE

出版发行	山东大学出版社
社　　址	山东省济南市山大南路 20 号
邮政编码	250100
发行热线	(0531)88363008
经　　销	新华书店
印　　刷	山东和平商务有限公司
规　　格	787 毫米×1092 毫米　1/16 12 印张　203 千字
版　　次	2022 年 9 月第 1 版
印　　次	2022 年 9 月第 1 次印刷
定　　价	42.00 元

《山东省水利工程规范化建设工作指南》
编委会

主　任　王祖利

副主任　张修忠　李森焱　张长江

编　委（按姓氏笔画排序）

王冬梅　代英富　乔吉仁　刘彭江

刘德领　杜珊珊　李　飞　李贵清

张振海　张海涛　邵明洲　姚学健

唐庆亮　曹先玉

《山东省水利工程规范化建设工作指南》
［项目法人（代建）分册］
编委会

主　编　唐庆亮　杜珊珊

副主编　李　飞　杜子龙

编　者　黄文庆　王传龙　王小新　赵福荣

郎营涛　徐　刚　邹　涛　刘文亭

王青艳　胡文霞　张凤莲　尹建部

许　舟　苗怀军　沈云良　王　辉

李鸿亮　王宏伟

序

水是生存之本、文明之源，水利事业关乎国民经济和社会健康发展，关乎人民福祉，关乎民族永续发展。"治国必先治水"，中华民族的发展史也是一部治水兴水的发展史。

近年来，山东省加大现代水网建设，加强水利工程防汛抗旱体系建设，大力开发利用水资源，水利工程建设投资、规模、建设项目数量逐年提升。"百年大计，质量为本"，山东省坚持质量强省战略，始终坚持把质量与安全作为水利工程建设的生命线，加强质量与安全制度体系建设，严把工程建设质量与安全关，全省水利工程建设质量与安全建设水平逐年提升。

保证水利工程建设质量与安全既是水利工程建设的必然要求，也是各参建单位的法定职责。为指导山东省水利工程建设各参建单位的工作，提升水利工程规范化建设水平，山东省水利工程建设质量与安全中心牵头，组织多家单位共同编撰完成了《山东省水利工程规范化建设工作指南》。

该书共有6个分册，其中水发规划设计有限公司编撰完成了项目法人（代建）分册，山东省水利勘测设计院有限公司编撰完成了设计分册，山东大禹水务建设集团有限公司编撰完成了施工分册，山东省水利工程建设监理有限公司编撰完成了监理分册，山东省水利工程试验中心有限公司编撰完成了检测分册，山东省水利工程建设质量与安全中心编撰完成了质量与安全监督分册。

本书在策划和编写过程中得到了水利部有关部门及兄弟省市的专家和同

行的大力支持,提出了很多宝贵意见,在此,谨向有关领导和各水利专家同仁致以诚挚的感谢和崇高的敬意!

因编写任务繁重,成书时间仓促,加之编者水平有限,书中错误之处在所难免,诚请读者批评指正,以便今后进一步修改完善。

编　者

2022 年 7 月

目　录

第 1 章 总 则

1.1 编制目的

本《指南》以水利工程建设相关法律、法规、规章、规范性文件和技术标准为基础,结合当前山东省水利工程建设管理现状,提出了山东省水利工程建设项目法人规范化工作内容,旨在提高项目法人的履职能力,推动工程建设管理的规范化,提升水利工程建设管理现代化水平。

1.2 适用范围

本《指南》适用于在山东省行政区域内从事大中型水利工程的项目法人建设,小型水利工程可参考使用。

1.3 编制依据

(1)法律(包括并不限于):

《中华人民共和国水法》(2016 年修正)。

《中华人民共和国水土保持法》(2010 年修订)。

《中华人民共和国防洪法》(2016 年修正)。

《中华人民共和国招标投标法》(2017 年修正)。

《中华人民共和国安全生产法》(2021 年修正)。

《中华人民共和国消防法》(2021 年修正)。

《中华人民共和国民法典》。

（2）国家和地方相关规章和规范性文件（在各专章中列出）。

（3）国家、行业相关技术标准（包括规程标准、规范标准等，在各专章中列出）。

1.4 主要内容

本《指南》主要服务于水利工程建设管理，概括了项目法人（代建）组建、征地补偿与移民安置、工程招标、合同管理、工程质量管理、安全生产管理、进度管理、档案管理、水土保持和环境保护、工程验收、财务管理等工作内容和工作要点，并制定了规范性的文件格式供参考使用。

第 2 章 项目法人组建

2.1 相关政策文件

《水利工程建设项目管理规定（试行）》（水利部水建〔1995〕128 号，2016 年修订）。

《水利工程建设程序管理暂行规定》（水利部水建〔1998〕16 号，2019 年修订）。

《水利部关于印发〈水利工程建设项目代建制管理指导意见〉的通知》（水建管〔2015〕91 号）。

《水利部关于印发〈水利工程建设项目法人管理指导意见〉的通知》（水建设〔2020〕258 号）。

《山东省公益性水利工程代建制试行办法》（鲁水建字〔2014〕12 号）。

《山东省水利工程建设管理办法》（鲁水规字〔2021〕6 号）。

《山东省水利工程建设项目法人管理办法》（鲁水规字〔2021〕14 号）。

《水利工程建设项目代建实施规程》（DB37/T 4242—2020）。

2.2 项目法人组建方式

2.2.1 按投资性质组建

政府出资的水利工程项目，根据项目管理权限，由县级以上人民政府或其授权的水行政主管部门或者其他部门（以下简称"政府或其授权部门"）负责组建项目法人。

政府与社会资本方共同出资的水利工程建设项目，由政府或其授权部门和社会资本方协商组建项目法人。

社会资本方出资的水利工程建设项目，由社会资本方按出资比例协调组建项目法人，组建方案需经工程所在地县级以上人民政府或其授权部门同意。

2.2.2 按行政区域组建

跨行政区域的水利工程建设项目，一般由工程所在地的上一级政府或其授权部门组建项目法人，也可分区域分别组建项目法人。分区域组建项目法人的，水行政主管部门应协调明确各项目法人应负责项目的投资概算和建设任务。

2.2.3 已有管理运行单位的项目法人组建

推行按照建设、运行、管理一体化原则组建项目法人。对已有工程实施改、扩建或除险加固的项目，可以以已有的运行管理单位为基础组建项目法人。

2.3 项目法人组建资格要求

2.3.1 项目法人基本条件

（1）具有独立法人资格，能够承担与其职责相适应的法律责任。

（2）具备与建设项目相适应的组织机构，一般可设置工程技术、计划合同、质量、安全、财务、综合等内设机构。

（3）主要负责人熟悉水利工程建设的方针、政策和法规，掌握有关水利工程建设的管理要求，有较强的组织协调能力。

（4）技术负责人为专职人员，具备相应的管理能力，有从事类似水利工程建设技术管理的经历和经验，能够独立处理工程建设中的专业问题。大型水利工程和坝高大于 70 米的水库工程的技术负责人具备水利或相关专业高级技术职称或执业资格，其他水利工程技术负责人具备水利或相关专业中级以上职称或执业资格。

（5）财务负责人熟悉有关水利工程建设财务管理的政策和法规，具备相应的管理能力和经济财务管理经验,具备与工程项目相适应的财务或经济专业技术职称或执业资格。

（6）人员结构满足工程建设在技术、质量、安全、财务、合同、档案等方面的管理需要。大、中、小型水利工程人员数量一般不少于 30 人、12 人、6 人,其中工程专业技术人员原则上不少于总人数的 50%。

2.3.2　不满足基本条件处理方式

不能满足基本条件要求的,项目法人可通过委托代建、项目管理总承包、全过程咨询等方式,引入专业技术力量,协助项目法人履行相应职责。项目法人和被委托单位的人员总数量及专业要求应不低于项目法人应具备的基本条件。

代建、项目管理总承包、全过程咨询等单位,按照合同约定承担相应责任,不替代项目法人的责任和义务。

2.3.3　对项目法人相关要求

（1）各级政府及其组成部门不得直接履行项目法人职责,政府部门工作人员在项目法人单位任职期间不得同时履行水利建设管理相关行政职责。

（2）工程建设期间,项目法人主要管理人员应保持稳定;主要负责人、技术负责人、财务负责人确需进行调整的,应经组建单位同意。

（3）项目法人可根据工程建设需要设立现场管理机构,同时明确项目法人对现场管理机构的管理责任,落实其部门管理责任和人员岗位责任。

（4）项目法人应为本机构现场人员参保工伤险、人身意外伤害险等必要的险种。

2.4　项目法人职责

项目法人必须严格遵守国家有关法律法规,按照工程建设程序和批准的建设规模、内容和技术标准组织工程建设。项目法人应履行的职责主要包括:

2.4.1　施工准备阶段

（1）参与做好征地拆迁、移民安置工作,配合地方政府做好工程建设外部条件落实等工作。

（2）组织开展通水、通电、通路、通信及场地平整等工作。

（3）建设必需的生产、生活临时建筑工程。

（4）实施经批准的应急工程、试验工程等专项工程。

（5）依法对工程项目的勘察、设计、监理、施工、咨询和材料、设备等组织招标或采购，并签订合同。

2.4.2 初步设计阶段

（1）组织或协助水行政主管部门开展初步设计报告（实施方案）的编制工作。

（2）组织或协助开展对初步设计中的重大问题进行咨询论证，并对初步设计组织审查，按规定权限向主管部门报批。

（3）组织或协助主管部门办理相关专项报批手续。

2.4.3 建设实施阶段

（1）办理工程质量与安全监督手续，并提供危险性较大的单项工程清单和安全生产管理措施。

（2）组织进行项目划分，在主体工程开工前报质量与安全监督机构确认。

（3）组织施工图设计审查，按照有关规定履行设计变更的审查或审核与报批工作。

（4）办理开工报告备案手续。

（5）组织各参建单位实施工程建设，同时做好建设过程中的水土保持和环境保护工作。

（6）组织编制、审核、上报在建工程度汛方案和应急预案，落实安全度汛措施，组织应急预案演练，负责在建工程安全度汛。

（7）组织进行设计交底，参与工程重点部位、关键环节的安全技术交底，组织解决工程建设中的重大技术问题。

（8）制定和上报验收计划，组织进行分部工程、单位工程、合同工程完工验收及项目法人应主持的阶段验收和专项验收；组织做好政府验收相关准备工作。

（9）按照批准的概算控制工程投资，按时完成年度建设任务和投资计划。

（10）开展项目信息管理和参建各方信用信息管理相关工作。

（11）接受并配合质量与安全监督机构开展的监督活动，按规定做好相关备案、核备等工作。

（12）接受并配合有关部门开展的审计、稽查、巡查等各类监督检查，组织落实整改要求。

2.4.4　竣工验收阶段

（1）建立或落实档案库房，负责工程档案资料的管理，对参建单位档案资料的收集、整理、归档工作进行监督检查。

（2）组织编制项目竣工财务决算，并按规定报送项目主管部门审核批复。

（3）组织参建单位编制竣工验收资料，完成竣工验收技术鉴定（大型水利工程）和验收自查。

（4）提出竣工验收申请，做好竣工验收相关工作。

（5）竣工验收后及时办理工程移交手续。

2.4.5　其他

法律法规规定的及应当履行的其他职责。

2.5　项目法人内设机构

2.5.1　内设机构的设置

项目法人内设机构应与工程规模和技术复杂程度相适应，一般可设置综合、财务、工程技术、计划合同、质量与安全、征迁移民等内设机构。

2.5.2　内设机构的职责

2.5.2.1　综合部职责

（1）学习贯彻上级政策、文件和规章制度，做好党建工作，协助领导组织协调日常管理工作，制定内部规章制度。

（2）负责会议的组织、记录及会议纪要的整理印发。

（3）负责公文处理工作，负责组织起草综合性文稿。

（4）负责项目建设档案资料的整理和归档,督导相关参建单位做好工程档案的收集、整理、归档等工作,参与工程建设项目档案资料的检查和验收。

（5）负责信息宣传工作,负责向上级有关单位和部门提供工程建设中重要活动宣传材料。

（6）负责项目上的日常接待、后勤管理、车辆管理和考勤统计工作。

（7）制定计划并组织人员进行业务学习,组织开展文体活动,丰富业余生活。

（8）负责办公用品、设备的购置和领用登记及办公设备的管理和维护工作。

（9）管理项目法人印章,做好用章记录。

（10）完成领导交办的其他工作。

2.5.2.2　财务部职责

（1）制定财务方面的管理制度及有关规定,并贯彻实施。

（2）编制资金筹集计划和使用计划,加强资金使用管理。

（3）审查或参与拟定经济合同、协议及其他经济文件。

（4）编制各种财务会计报表,组织项目法人的日常会计核算工作。

（5）负责项目法人费用、成本及利润的核算;按照固定资产管理与核算实施办法,负责固定资产明细核算,提取固定资产折旧,编制固定资产分类折旧计算表,参与固定资产清查盘点,分析固定资产的使用效果。

（6）负责编制及组织实施财务预算报告,月、季、年度财务报告和竣工决算报告。

（7）负责财务档案、财务文书的管理,妥善保管财务账簿、会计报表和会计资料,保守财务秘密。

（8）完成领导交办的其他工作。

2.5.2.3　工程技术部职责

（1）负责建设项目建设监理制、招投标制、合同管理制的贯彻和实施。

（2）办理工程招标备案、工程开工报告备案、安全生产措施备案等手续。

（3）负责监理、施工、检测等参建单位的资质、人员资格核查,督查监理、施工、检测等参建单位的质量、安全、进度体系建设及落实情况。

（4）组织进行项目划分、施工图审查、设计交底工作。

（5）做好工程建设有关会议的准备工作。

(6)做好工程质量验收、签证和政府验收的准备工作。

(7)做好上级的检查、稽查等工作。

(8)完成领导交办的其他工作。

2.5.2.4 计划合同部职责

(1)制定项目计划与合同管理制度,编制项目总控制计划和年度建设计划。

(2)组织编制工程总投资计划和年度投资计划,做好项目投资控制工作。

(3)组织建设合同洽谈、会商和签订事项,对合同执行情况进行动态控制。

(4)负责项目变更程序管理,做好重大设计变更的报批工作。

(5)审核参建单位合同资金的计量与支付。

(6)做好完工结算和委托造价审核等工作。

(7)配合做好竣工财务决算编制,负责审计、稽查的工作。

(8)完成领导交办的其他工作。

2.5.2.5 质量与安全部职责

(1)办理质量与安全监督手续,做好质量与安全检查、稽查工作。

(2)制定项目质量与安全管理制度和管理目标,对参建单位质量与安全管理体系的建立和运行情况进行监督检查。

(3)组织编制保证安全生产的措施方案,组织工程各参建单位就落实保证安全生产的措施方案进行布置安排。

(4)制定施工期工程度汛方案和超标准洪水应急预案,与参建单位签订安全度汛目标责任书。

(5)组织工程各参建单位制定事故隐患排查制度和重大危险源安全管理制度,组织对危险设施和场所进行重大危险源辨识。

(6)组织工程各参建单位制定项目安全生产事故应急救援预案、专项应急预案。

(7)在建设过程中对质量与安全进行检查,对发现的问题督促责任单位进行整改。

(8)定期召开各参建单位安全生产例会。

(9)做好工程建设中发生的质量、安全事故的调查与处理工作。

(10)完成领导交办的其他工作。

2.5.2.6 征迁移民部职责

(1)贯彻落实相关土地法律法规,配合政府做好项目征地拆迁、移民安置和地方协调工作。

（2）负责项目土地、林业、压覆矿产、地质灾害、文物保护、水土保持、环境评估等报批及办理相关手续，督促落实相关评估意见。

（3）协助地方征迁办做好土地征用、附着物拆迁和移民安置工作，协助施工单位办理临时用地征用、采矿许可、爆破许可、爆破方案审查、用水用电等相关手续。

（4）负责编制项目的征地拆迁工作计划，提出征地、拆迁方案，核实征地面积和拆迁数量，并组织绘制项目最终用地红线图。

（5）负责征地拆迁费用及预算管理，严格执行征地拆迁补偿标准，编制征地拆迁计划和资金预算，及时支付征地拆迁费用，缴交有关规费。

（6）负责地方关系协调，协助地方政府调解纠纷、化解矛盾，保障良好的施工环境。

（7）配合政府做好移民安置专项验收相关工作。

（8）完成领导交办的其他工作。

2.6　项目法人管理制度

2.6.1　综合管理制度

项目法人综合管理制度一般包括文件管理、薪酬管理、出差管理、车辆管理、办公值班（加班）、办公用品使用、会议、考勤、印章管理、接待用餐管理、财务管理、廉政建设等，旨在加强项目法人单位内部规范化管理。

（1）文件管理制度的内容主要包括：文件收集、文件登记、文件保管、文件借阅、文件保密、文件销毁等。

（2）薪酬管理制度的内容主要包括：工资规定、薪酬奖惩、薪酬调整、薪酬发放等。

（3）出差管理制度的内容主要包括：出差申请、批准，交通，住宿，用餐，补助等。

（4）车辆管理制度的内容主要包括：车辆登记、使用申请与批准，车辆维修保养，车辆管理责任，车辆存放，交通安全等。

（5）办公值班（加班）制度的内容主要包括：值班安排与责任、汛期及假期值班安排与责任、领导带班、值班工作处置与汇报、交接班、加班申请与批准、值班(加班)餐补等。

(6)办公用品管理制度的内容主要包括:办公用品申请、批准、使用、管理、出入库、处置等。

(7)会议制度的内容主要包括:会议召开时间,会议组织、主持和参加人员,会议记录,会议纪要发放等。

(8)考勤制度的内容主要包括:办公时间规定、考勤人员与责任、请假与批准、销假、考勤与薪酬等。

(9)印章管理制度的内容主要包括:印章管理与责任、用印申请与批准、用印登记等。

(10)接待用餐管理制度的内容主要包括:接待公函、招待申请与批准、接待标准、参加人员等。

(11)财务管理制度的内容主要包括:财务报销、审核、批准、支付,现金使用等。

(12)廉政建设制度的内容主要包括:廉洁自律规定、廉政考核、廉政问题处置等。

2.6.2　工程建设管理制度

项目法人制定的工程建设管理制度(办法)一般包括工程建设实施、工程质量、安全生产、工程验收、合同、档案、信息等方面,旨在加强工程项目建设管理的规范化。各项办法(制度)内容如下:

(1)工程建设实施办法是对工程建设项目管理的总体要求。办法的内容主要是对工程建设管理体系、项目法人管理职责、工程招投标管理、工程建设监理管理、工程质量与安全管理、计划与财务管理、档案管理、工程验收管理等各项工作的综合管理要求。

(2)工程质量管理办法规定了工程各参建单位质量管理的内容与责任。办法内容主要包括项目法人质量管理、监理单位质量管理、勘察设计单位质量管理、质量检测单位质量管理、施工单位质量管理、设备材料采购单位质量管理、质量评定、质量事故处理等。工程建设应建立的质量管理制度内容详见质量管理专章。

(3)工程安全生产管理办法规定了工程各参建单位安全生产管理的内容

与责任。办法内容主要包括项目法人安全生产管理责任、监理单位安全生产管理责任、勘察设计单位安全生产管理责任、施工单位安全生产管理责任、设备材料采购单位安全生产管理责任、安全事故处置等。工程建设应建立的安全管理制度内容详见安全生产专章。

（4）工程验收管理办法的内容主要包括：项目验收应满足的条件、验收组织形式、验收主持和验收程序、验收形成的成果文件等。

（5）合同管理制度的内容主要包括：合同适用文本、合同审查、合同订立、合同变更等。

（6）档案管理制度的内容主要包括：档案归档内容、档案保管、重大活动档案登记、档案借阅、档案保密、档案统计、实物档案管理等。

（7）信息管理制度的内容主要包括：信息分类、信息收集、信息上报、信息发布等。

2.7 项目代建

2.7.1 代建单位应具备的条件

（1）具有独立的事业或企业法人资格。

（2）具有与从事水利工程建设管理相适应的组织机构、管理能力、专业技术与管理人员。

（3）具有与代建项目规模相适应的水利工程设计、监理、咨询、施工总承包一项或多项资质以及相应的业绩；或者承担过国家或省大型水利工程项目法人职责，建设管理经验丰富。

2.7.2 不得承担代建业务的情形

有下列情形之一的单位，不得承担水利工程建设项目代建业务：

（1）不能满足 2.7.1 规定的。

（2）近 3 年在承接的各类建设项目中发生过较大以上质量、安全事故或者有其他严重违法、违纪和违约等不良行为记录的。

2.7.3 代建单位可承担的工作

项目法人和代建单位应通过合同方式约定双方承担的工作内容。代建单位一般可承担的工作包括：

（1）根据批准的初步设计及概算，组织编制招标设计和施工图设计。

（2）组织开展项目招标，择优选择设计、咨询、监理、施工、检测和主要设备、材料供应等专业单位。

（3）组织洽谈和签订项目建设实施过程中的相关建设合同，并对合同进行全过程管理。

（4）组织项目实施，对工程质量、安全生产、建设进度和资金等工作进行管理，对工程的质量、安全、进度承担直接管理责任。

（5）组织审批一般设计变更，协助委托人编报项目重大设计变更、概算调整等文件。

（6）组织编制项目建设实施计划和资金使用计划，向委托人报告工程进度、质量、安全以及资金使用情况等。

（7）组织进行分部工程验收、单位工程验收、合同工程完工验收；组织阶段验收和水土保持、环境保护、消防、档案等专项验收准备工作；协助委托人组织竣工验收准备工作。

（8）组织监理、施工、设备及材料供应等单位进行工程完工结算，协助委托人编制竣工财务决算和办理资产移交。

（9）配合做好工程稽查、审计和评估等工作。

（10）依据代建合同约定，应由代建单位承担的其他工作。

2.7.4 代建单位确定时间

通过直接委托或招标方式选择代建单位的，宜在设计、监理、施工、检测等招标前进行，使代建单位能够参与到项目主体工程招标、合同谈判、合同签订过程中。

2.8 项目法人（代建单位）驻地标准化

2.8.1 办公区场所

（1）驻地场所应避免设在可能发生塌陷，高空坠落，易受水流、台风威胁等灾害区域，应设在工程沿线附近，同时应考虑有利于交通、通电、通水、通信、生活、消防、安全等条件。

（2）办公室布置应遵循合理利用空间、按内设机构综合考虑的原则。一般情况下项目法人法定代表人、技术负责人可单独设置办公室，其他员工应根据内设部门设置办公室，档案库房一般设置在一楼。

（3）会议室布置应遵循满足一般性会议人数需要，兼顾综合利用的原则。

2.8.2 生活区场所

员工生活宿舍应考虑与办公位置邻近、交通便利、安全的原则。

2.8.3 食堂用餐场所

食堂应考虑与办公、生活区位置相邻，并能满足一般性业务接待需求。

2.8.4 项目法人驻地标识、标牌标准化

（1）驻地大门口应挂单位名称标识牌，项目法人标识牌为项目法人全称，代建单位标识牌为代建单位现场机构名称。

（2）项目法人（代建单位）内设机构办公室应设置办公室名称标牌，标牌为部门全称；办公室内墙面在适宜的位置设部门（岗位）工作职责和工作人员行为守则及其他必要的上墙图表。

（3）会议室内墙面在适宜的位置设项目法人（代建单位）组织框图（质量管理领导小组、安全生产领导小组、档案管理领导小组、度汛领导小组等）、工程建设目标（质量、安全、进度、投资等）、会议制度、工程总体布置图、进度横道图（或时标网络图）、晴雨表等上墙图表。

（4）根据办公场所实际情况，在驻地大门（或院落内）明显位置设置工程概况牌，并载明参建单位名称和责任人姓名。根据需要可设置指路牌、部门指示

牌、宣传标语等。

项目法人驻地标识、标牌标准参见附录 A.1。

2.8.5　驻地要求

（1）办公区、生活区及食堂等功能区应分区设置，做到科学合理。驻地内场地及主要道路应做硬化处理、整平，无坑洼和凹凸不平，雨季不积水。

（2）驻地要配备满足消防要求的消防器材和消防用水，做到布局合理，有明显的消防安全标识，落实专人检查、维护、保养，保证灭火器材灵敏有效。

（3）电气设备和用电必须符合防火要求。临时用电必须安装过载保护装置，电闸箱内不准使用易燃、可燃材料。严禁超负荷使用电气设备。

（4）办公区、会议区、生活区应保持整洁卫生。生活垃圾应存放在密闭式容器内，及时清运，严禁乱扔乱弃。

（5）生活区宿舍内应有必要的生活设施及保证必要的生活空间，室内保持通风。夏季应采取消暑和灭蚊蝇措施，冬季应有采暖和防煤气中毒措施。

（6）食堂应设置在远离厕所、生产作业区等污染源的地方。食堂和操作间装修应便于清洁打扫，并且具备清洗消毒的条件，有排风设施、灭蝇灭鼠灭蟑和杜绝传染疾病的措施。不得使用石棉制品的建筑材料装修食堂。

（7）食堂内外整洁卫生，炊具干净，生熟食品分开加工，且加工、存放器具分别配置。

（8）生活用水应有固定的盛水容器和专人管理，并定期清洗消毒，确保达到国家饮用水质标准。设置排水沟，保持通畅，杜绝污染和蚊虫滋生。所有生活污水在排放前必须通过沉淀池收集，严禁各种污水直接排入自然水体。

2.9　项目法人文件格式标准化

为使项目法人及参建单位文件材料达到标准化、统一化要求，所形成的文件和文字材料应根据国家有关公文制作要求统一格式。

文件材料格式参见附录 A.2。

第3章 征地补偿与移民安置

3.1 相关政策文件

《大中型水利水电工程建设征地补偿和移民安置条例》(国务院令第 679 号,2017 年修订)。

《大中型水利水电工程移民安置前期工作管理暂行办法》(水规计〔2010〕33 号)。

《大中型水利工程移民安置监督评估管理暂行规定》(水移〔2010〕492 号)。

《大中型水利水电工程移民安置验收管理暂行办法》(水移〔2012〕77 号)。

《水利水电工程移民档案管理办法》(档发〔2012〕4 号)。

《水利水电工程建设农村移民安置规划设计规范》(SL 440—2009)。

《水利水电工程建设征地移民安置规划大纲编制导则》(SL 441—2009)。

3.2 前期工作

3.2.1 移民安置规划大纲

已经成立项目法人的大中型水利水电工程,由项目法人编制移民安置规划大纲,按照审批权限报省、自治区、直辖市人民政府或者国务院移民管理机构审批;省、自治区、直辖市人民政府或者国务院移民管理机构在审批前应当征求移民区和移民安置区县级以上地方人民政府的意见。

没有成立项目法人的大中型水利水电工程,项目主管部门应当会同移民区和移民安置区县级以上地方人民政府编制移民安置规划大纲,按照审批权限报省、自治区、直辖市人民政府或者国务院移民管理机构审批。

经批准的移民安置规划大纲是编制移民安置规划的基本依据。

3.2.2 移民安置规划

已经成立项目法人的,由项目法人根据经批准的移民安置规划大纲编制移民安置规划;没有成立项目法人的,项目主管部门应当会同移民区和移民安置区县级以上地方人民政府,根据经批准的移民安置规划大纲编制移民安置规划。

大中型水利水电工程的移民安置规划,按照审批权限经省、自治区、直辖市人民政府移民管理机构或者国务院移民管理机构审核后,由项目法人或者项目主管部门报项目审批或者核准部门,与可行性研究报告或者项目申请报告一并审批或者核准。

经批准的移民安置规划是组织实施移民安置工作的基本依据。

3.3 征地补偿

3.3.1 永久占地

大中型水利水电工程建设项目用地,应当依法申请并办理审批手续,实行一次报批、分期征收,按期支付征地补偿费。

对于应急的防洪、治涝等工程,经有批准权的人民政府决定,可以先行使用土地,事后补办用地手续。

大中型水利水电工程建设征收土地的土地补偿费和安置补助费,实行与铁路等基础设施项目用地同等的补偿标准,按照被征收土地所在省、自治区、直辖市规定的标准执行。

被征收土地上的零星树木、青苗等补偿标准,按照被征收土地所在省、自治区、直辖市规定的标准执行。

被征收土地上的附着建筑物按照其原规模、原标准或者恢复原功能的原则补偿;对补偿费用不足以修建基本用房的贫困移民,应当给予适当补助。

3.3.2　临时用地

大中型水利水电工程建设临时用地，由县级以上人民政府土地主管部门批准。

3.3.3　专项设施

工矿企业和交通、电力、电信、广播电视等专项设施以及中小学的迁建或者复建，应当按照其原规模、原标准或者恢复原功能的原则补偿。

3.4　移民安置

大中型水利水电工程开工前，项目法人应当根据经批准的移民安置规划，与移民区和移民安置区所在的省、自治区、直辖市人民政府或者市、县人民政府签订移民安置协议。

项目法人应当根据大中型水利水电工程建设的要求和移民安置规划，在每年汛期结束后 60 日内，向与其签订移民安置协议的地方人民政府提出下年度移民安置计划建议。

项目法人应当根据移民安置年度计划，按照移民安置实施进度将征地补偿和移民安置资金支付给与其签订移民安置协议的地方人民政府。

3.5　项目法人工作要点

（1）国家对移民安置实行全过程监督评估。签订移民安置协议的地方人民政府和项目法人应当采取招标的方式，共同委托移民安置监督评估单位对移民搬迁进度、移民安置质量、移民资金的拨付和使用情况以及移民生活水平的恢复情况进行监督评估；被委托方应当将监督评估的情况及时向委托方报告。

（2）征迁工作往往会对工程建设进度产生很大影响，如处理不及时，可能会带来施工单位提出的工期索赔和经济索赔。为此，项目法人可从以下方面加强管理：

①做好施工前准备工作。在施工招标前对所涉及的永久征地、临时征地

和移民搬迁等工作应有明确的安排或已基本完成,避免签订施工合同后再开展征迁工作或造成工期索赔。

②做好建设过程中的迁占协调工作。迁占工作贯穿工程建设的全过程,项目法人应成立专门的迁占工作部门,负责与地方政府的协调,对工程建设过程中出现的迁占问题及时联系解决。

③项目法人应当建立移民工作档案,负责做好本单位的移民档案。移民档案工作与移民工作实行同步管理,做到同部署、同实施、同检查、同验收。

第4章 工程招标

4.1 相关政策文件

《中华人民共和国招标投标法实施条例》(国务院令第 709 号,2019 年修订)。

《水利工程建设项目招标投标管理规定》(水利部令第 14 号)。

《工程建设项目施工招标投标办法》(国家发展和改革委员会等八部委令第 23 号,2013 年修正)。

《工程建设项目勘察设计招标投标办法》(国家发展和改革委员会等八部委令第 23 号,2013 年修正)。

《工程建设项目货物招标投标办法》(国家发展和改革委员会等八部委令第 23 号,2013 年修正)。

《招标公告和公示信息发布管理办法》(国家发展和改革委员会令第 10 号)。

《必须招标的工程项目规定》(国家发展和改革委员会令第 16 号)。

《山东省水利工程建设管理办法》(鲁水规字〔2021〕6 号)。

《山东省水利工程建设项目法人管理办法》(鲁水规字〔2021〕14 号)。

4.2 必须招标的工程项目

根据《必须招标的工程项目规定》(国家发展和改革委员会令第 16 号)相关规定,在必须招标的规定范围内的项目,其勘察、设计、施工、监理以及与工程建设有关的重要设备、材料等的采购达到下列标准之一的,必须招标:

(1)施工单项合同估算价在 400 万元以上。

（2）重要设备、材料等货物的采购，单项合同估算价在 200 万元以上。

（3）勘察、设计、监理等服务的采购，单项合同估算价在 100 万元以上。

同一项目中可以合并进行的勘察、设计、施工、监理以及与工程建设有关的重要设备、材料等的采购，合同估算价合计达到前款规定标准的，必须招标。

4.3　招标工作程序及要求

（1）招标报告备案。招标前，按项目管理权限，项目法人向水行政主管部门提交招标报告备案。报告具体内容应当包括：招标已具备的条件、招标方式、分标方案、招标计划安排、投标人资质（资格）条件、评标方法、评标委员会组建方案以及开标、评标的具体工作安排等。

（2）编制招标文件。

（3）发布招标信息（招标公告或投标邀请书）。依法必须进行招标的水利工程建设项目，招标人应当在中国招标投标公共服务平台或者全国公共资源交易平台（山东省）/山东省公共资源交易网发布招标公告和公示信息。

（4）发售资格预审文件（采用资格预审方式的）。资格预审文件的发售期不得少于 5 日。招标人可以对已发出的资格预审文件进行必要的澄清或者修改。澄清或者修改的内容可能影响资格预审申请文件，招标人应当在提交资格预审申请文件截止时间至少 3 日前，以书面形式通知所有获取资格预审文件的潜在投标人；不足 3 日的，招标人应当顺延提交资格预审申请文件的截止时间。

潜在投标人或者其他利害关系人对资格预审文件有异议的，应当在提交资格预审申请文件截止时间 2 日前提出；招标人应当自收到异议之日起 3 日内作出答复；作出答复前，应当暂停招标投标活动。

（5）接受资格预审文件。依法必须进行招标的项目提交资格预审申请文件的时间，自资格预审文件停止发售之日起不得少于 5 日。

（6）组织对潜在投标人的资格预审文件进行审核。资格预审应当按照资格预审文件载明的标准和方法进行。

国有资金控股或者占主导地位的依法必须进行招标的项目，招标人应当组建资格审查委员会审查资格预审申请文件。

资格预审结束后，招标人应当及时向资格预审申请人发出资格预审结果通知书。未通过资格预审的申请人不具有投标资格。

通过资格预审的申请人少于3个的,应当重新招标。

(7)向资格预审合格的潜在投标人发售招标文件。实行资格后审的直接向潜在投标人发售招标文件。招标文件的发售期不得少于5日。

(8)组织现场踏勘。招标人不得组织单个或者部分潜在投标人踏勘项目现场。

(9)招标文件澄清。招标人可以对已发出的招标文件进行必要的澄清或者修改。澄清或者修改的内容可能影响投标文件编制的,招标人应当在投标截止时间至少15日前,以书面形式通知所有获取招标文件的潜在投标人;不足15日的,招标人应当顺延提交投标文件的截止时间。

潜在投标人或者其他利害关系人对招标文件有异议的,应当在投标截止时间10日前提出。招标人应当自收到异议之日起3日内作出答复;作出答复前,应当暂停招标投标活动。

(10)组织成立评标委员会,并在中标结果确定前保密。评标委员会由招标人的代表和有关技术、经济、合同管理等方面的专家组成,成员人数为七人以上单数,其中专家(不含招标人代表人数)不得少于成员总数的三分之二。

(11)在规定时间和地点,接受符合招标文件要求的投标文件。

(12)组织开标评标。开标应在招标文件确定的提交投标文件截止时间的同一时间公开进行。评标标准和方法应当在招标文件中载明,在评标时不得另行制定、修改、补充。

(13)确定中标人。招标人可授权评标委员会直接确定中标人,也可根据评标委员会推荐的中标候选人来确定中标人。招标人应自收到评标报告之日起3日内公示中标候选人,公示期不得少于3日。

投标人或者其他利害关系人对依法必须进行招标的项目的评标结果有异议的,应当在中标候选人公示期间提出。招标人应当自收到异议之日起3日内作出答复;作出答复前,应当暂停招标投标活动。

(14)中标人确定后,招标人应当向中标人发出中标通知书,并同时将中标结果通知所有未中标的投标人。

中标通知书对招标人和中标人具有法律效力。中标通知书发出后,招标人改变中标结果的,或者中标人放弃中标项目的,应当依法承担法律责任。

(15)依法必须进行招标的项目,招标人应当自确定中标人之日起15日内,向水行政主管部门提交招标投标情况的书面总结报告。报告内容一般包括:招标公告发布及招标文件发售情况、开标和评标过程、中标公示和确定中标人、发出中标通知书等。

(16)招标人和中标人应当自中标通知书发出之日起 30 日内,按照招标文件和中标人的投标文件订立书面合同。招标人和中标人不得另行订立背离合同实质性内容的其他协议。

招标文件要求中标人提交履约保证金的,中标人应当提交。

第5章　合同管理

5.1　相关政策文件

《中华人民共和国招标投标法实施条例》(国务院令第 709 号,2019 年修订)。

《水利工程建设项目招标投标管理规定》(水利部令第 14 号)。

《水利部关于印发〈水利水电工程标准施工招标资格预审文件和水利水电工程标准施工招标文件〉的通知》(水建管〔2009〕629 号)。

国家发展和改革委员会等九部委《关于印发〈简明标准施工招标文件和标准设计施工总承包招标文件〉的通知》(发改法规〔2011〕3018 号)。

国家发展和改革委员会等九部委《关于印发〈标准设备采购招标文件〉等五个标准招标文件的通知》(发改法规〔2017〕1606 号)。

《建筑业企业资质标准》(建市〔2014〕159 号)。

5.2　合同订立

5.2.1　工程建设合同适用文本

工程建设合同应采用国家规定的标准(示范)合同范本,没有标准合同范本的,在符合有关法律、法规和规章的基础上,由合同当事人协商确定。工程合同主要包含代建、勘察、设计、监理、检测、施工和材料、设备采购等合同。

(1)工程建设勘察合同:采用《中华人民共和国标准勘察招标文件》(2017版)合同文本格式。

（2）工程建设设计合同：采用《中华人民共和国标准设计招标文件》（2017版）合同文本格式。

（3）工程监理合同：采用《中华人民共和国标准监理招标文件》（2017版）合同文本格式。

（4）工程施工合同：大中型水利水电工程采用《水利水电工程标准施工招标资格预审文件》（2009年版）和《水利水电工程标准施工招标文件》（2009年版）合同文本格式。

工期不超过12个月、技术相对简单且设计和施工不是由同一承包人承担的小型项目，其施工合同采用《简明标准施工招标文件》（2012年版）合同文本格式。

设计施工一体化的总承包项目，采用《标准设计施工总承包招标文件》（2020年版）合同文本格式。

（5）设备采购合同：参照《标准设备采购招标文件》（2017年版）合同文本格式。

（6）材料采购合同：参照《标准材料采购招标文件》（2017年版）合同文本格式。

（7）工程检测合同：参照《民法典》合同编要求编制合同文件格式。

（8）工程代建合同：参照《水利工程建设项目代建实施规程》（DB37/T 4242—2020）中附录A文本格式。

（9）其他合同遵循行业和常规合同文本格式。

5.2.2　合同内容

（1）合同订立应当遵照国家法律法规和有关规定，遵守平等互利、协商一致的原则。合同一般包括以下条款：

①当事人的名称或姓名和住所。

②标的。

③数量。

④质量。

⑤价款或者报酬。

⑥履行期限、地点和方式。

⑦违约责任。

⑧解决争议的办法等。

（2）合同通用合同文本不得修改，应当不加修改的引用；专用合同条款可对通用合同条款进行细化，但除通用合同条款明确规定可以作出不同约定外，专用合同条款补充和细化的内容不得与通用合同条款相抵触，否则抵触内容无效。

（3）与合同有关的协议、文本、电报、电传、信件、图表、会议纪要及合同履行期间的变更、解除手续等资料，均属合同相关文件的组成部分，应妥善保管并存档。

5.2.3　合同签订

（1）合同双方签订书面合同时，合同的标的、价款、质量、履行期限等主要条款应当与招标文件和中标人的投标文件的内容一致。招标人和中标人不得另行订立背离合同实质性内容的其他协议。

（2）合同订立必须遵守《民法典》和国家有关法律法规，采用书面形式，合同自双方当事人签字和盖章时成立。任何单位和个人不得以口头形式达成各类合同。

（3）合同订立的主体应具备合同主体资格，各职能部门和内设机构不得以自身的名义对外签订合同、变更合同和解除合同。

合同签订人应具有合同代理权，一般为单位的法人代表；如由委托人签订合同，应出具法人代表授权书，并作为合同的附件，为该合同的有效组成部分。合同签订授权委托书文件格式参见附录 B.1。

签订合同当事人为自然人的，应手签姓名，并将身份证复印件作为合同的附件，同时也是该合同的有效组成部分。

5.3　合同执行

5.3.1　明确合同管理部门

项目法人应明确合同管理部门负责合同管理工作。一般由计划合同部履行合同管理职责。

5.3.2　制定合同管理制度

根据合同类型和数量,制定合同管理制度,主要包括:

(1)合同管理职责制度。

(2)合同订立审签管理制度。

(3)合同专用章保管使用制度。

(4)法人委托书管理制度。

(5)合同履行、变更和解除制度。

(6)合同纠纷处理制度。

(7)合同资料管理制度。

(8)考核与奖惩制度等。

5.3.3　建立合同管理台账

合同管理部门应建立合同管理台账,由专人负责书面签证、来往信函等资料保管工作。合同管理台账、合同管理明细表文件格式参见附录 B.2、B.3。

5.3.4　合同管理要点

(1)合同内容变更应按规定履行变更审批程序。

(2)合同索赔应按规定履行索赔审批程序。

(3)各参建单位主要管理人员变更,应按合同约定履行变更审批手续。主要管理人员范围包括:代建单位项目负责人、技术负责人;监理单位项目总监、副总监;施工单位项目经理、副经理、技术负责人;检测单位项目负责人、技术负责人等。主要管理人员变更审批表格式参见附录 B.4。

(4)项目法人应为现场人员参保工伤保险和人身意外险,并监督检查参建单位投保合同约定的险种情况。

(5)对各参建单位(包括分包单位)合同履约情况进行定期检查,并实行闭环管理。对影响合同履行的重大问题采取对应的控制措施。检查频次宜每月一次,检查内容参见附录 B.5。

(6)施工合同管理要点如下:

①项目法人应审核施工单位按其资质等级和业务范围承担工程施工任务,施工总承包单位对设有资质的专业工程进行分包时,应分包给具有相应专

业承包资质的企业，施工总承包企业将劳务作业分包时，应分包给具有施工劳务资质的企业。

②施工合同的内容包括工程范围、建设工期、中间交工工程的开工和竣工时间、工程质量、工程造价、技术资料交付时间、材料和设备供应责任、拨款和结算、竣工验收、质量保修范围和质量保质期、双方相互协作等条款。

③项目法人应按合同约定的计量规则和时限进行计量，及时、足额支付合同资金。

第6章 工程质量管理

6.1 相关政策文件

《建设工程质量管理条例》(国务院令第714号,2019年修订)。

《水利工程质量管理规定》(水利部令第49号,2017年修正)。

《水利工程建设项目验收管理规定》(水利部令第49号,2017年修正)。

《水利工程质量检测管理规定》(水利部令第50号,2019年修正)。

《水利工程建设项目管理规定(试行)》(水利部令第48号,2016年修正)。

《水利工程质量监督管理规定》(水建〔1997〕339号)。

《水利工程建设程序管理暂行规定》(水利部令第49号,2017年修正)。

《水利部关于水利工程开工审批取消后加强后续监管工作的通知》(水建管〔2013〕331号)。

《水利工程责任单位责任人质量终身责任追究管理办法(试行)》(水监督〔2021〕335号)。

《山东省水利工程建设项目质量检测管理办法》(鲁水政字〔2015〕25号)。

《山东省水利工程责任单位责任人质量终身追究管理办法(试行)》(鲁水监督函字〔2022〕73号)。

《山东省水利工程建设管理办法》(鲁水规字〔2021〕6号)。

《山东省水利工程建设项目法人管理办法》(鲁水规字〔2021〕14号)。

《水利水电工程施工质量检验与评定规程》(SL 176—2007)。

《水利水电建设工程验收规程》(SL 223—2008)。

6.2　质量管理体系建设

6.2.1　质量管理领导小组

水利工程建设项目由项目法人牵头组建质量管理领导小组，项目法人主要负责人任组长，分管质量的负责人为副组长，各参建单位的现场项目负责人为成员。质量管理领导小组文件格式参见附录 C.1。

质量管理领导小组的职责主要包括：

（1）贯彻落实国家有关工程质量的法律、法规、规章、制度和标准，制定质量管理总体目标和质量目标管理计划。

（2）组织制定项目质量管理制度并落实。

（3）督促各参建单位建立健全工程质量体系，完善管理机制和质量责任制。

（4）组织召开质量管理领导小组会议，研究解决项目质量管理中的重大问题，针对重大问题制定预防的措施和对策，确保项目工程质量目标的实现。

6.2.2　质量管理机构

项目法人根据工程规模和特点，应设置专门的质量管理机构，明确质量主要负责人或专职质量管理人员。

项目法人质量管理机构一般称为"质量管理部"或"质量与安全管理部"。质量与安全管理合并为一个内设机构负责管理的，应分别明确质量与安全管理人员。

质量管理机构的职责主要包括：

（1）贯彻落实国家有关工程质量的法律、法规、规章、制度、技术规范、标准以及强制性标准。

（2）组织制定质量管理制度、质量管理目标、质量管理计划。

（3）办理质量监督手续，在建设过程中，配合质量监督机构对工程开展质量监督活动。

（4）组织进行工程项目划分，对工程项目施工质量评定结论进行认定。

（5）对施工、监理、勘察、设计单位质量体系建立情况进行检查，定期对运行情况进行检查，对参建单位的强制性条文的执行情况进行检查。

（6）组织与参建单位签订工程质量管理责任书。

（7）检查监理单位和施工单位的质量管理，对监理规划和施工方案中重大质量内容组织审查。

（8）监督施工单位、监理单位对工程质量开展自检、复核，对主要原材料、中间产品和实体质量组织第三方质量检测单位进行抽检。

（9）定期组织参建单位开展质量检查，对发现质量问题的整改落实情况进行检查，及时消除质量隐患。

（10）接受上级部门的质量检查，对检查问题组织落实整改，协助质量事故调查处理工作。

（11）参与工程验收工作。

（12）负责工程项目质量创优规划，负责创优措施的制定和实施。

（13）负责质量管理领导小组的日常工作等。

质量管理部门的职责可以由项目法人单独行文明确，也可由项目法人在明确内设机构部门职责时进行明确。管理岗位和内设机构部门职责文件格式参见附录C.2。

6.2.3 质量管理网络

质量管理网络由质量管理领导小组统筹协调，质量管理机构具体负责，组织设计单位、监理单位、施工单位、主要材料设备供应（商）单位、检测单位及其他相关参建单位的质量管理责任人形成自上而下的质量管理网络。质量管理网络如图6.1所示。

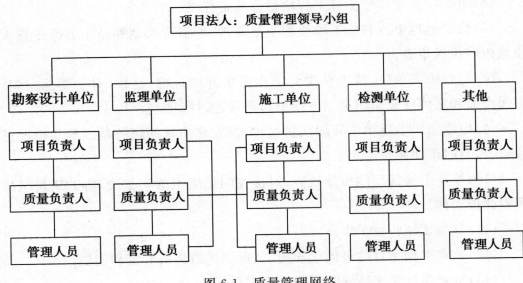

图 6.1 质量管理网络

6.3 质量管理制度建设

6.3.1 质量管理文件识别

工程开工前，项目法人质量管理机构组织各参建单位对适用于本项目的质量管理的法律、法规、技术标准及强制性标准进行识别，并将识别结果报项目法人。

项目法人应根据工程特点和内容，在开工前编制形成适用的质量管理制度和规范标准清单，以文件形式发各参建单位。

各参建单位应根据清单相关内容制定内部质量管理制度，并报项目法人备案。

6.3.2 质量管理制度

项目法人应制定的质量管理制度一般包括施工图审查制度、设计变更管理制度、质量缺陷管理制度、质量领导责任制度、质量责任追究制度、工程质量检查制度、质量奖惩制度等。

（1）施工图审查制度的内容主要包括：施工图审查形式，专业审查机构或审查专家的条件，施工图审查内容、审查意见及修改核实等。

（2）设计变更管理制度的内容主要包括：设计变更划分、设计变更文件编制、设计变更程序（提出、审核论证及批准、实施）等。

（3）质量缺陷管理制度的内容主要包括：质量缺陷分类、质量缺陷认定及处理、质量缺陷验收、质量缺陷备案等。

（4）质量领导责任制度的内容主要包括：参建单位质量管理领导机构、负责人、管理人员的质量管理责任等。

（5）质量责任追究制度的内容主要包括：质量事故（缺陷）认定及责任认定、对相关责任人员的处罚方式等。

（6）工程质量检查制度的内容主要包括：工程质量检查分类、检查内容、检查频次、组织形式、问题整改及闭环等。

（7）质量奖惩制度的内容主要包括：质量考核内容、奖惩方法方式等。

6.3.3　质量管理制度执行

（1）工程开工初期，项目法人质量管理机构组织检查参建单位的质量管理制度建立情况，形成书面检查意见并通知有关参建单位。

（2）工程建设阶段，项目法人质量管理机构对项目法人及参建单位质量管理制度的执行情况，每年应至少组织进行一次监督检查，形成书面检查记录，对未执行或执行不到位的，由责任单位进行整改，整改完成后报项目法人。

（3）督促各参建单位对本单位（机构）质量管理制度的执行情况进行自查，项目法人对自查情况进行抽查。

6.3.4　学习与培训

项目法人应组织本机构全体人员对水利工程建设相关质量法律、法规、技术标准和强制性标准及本项目制定的质量管理制度进行学习、培训。学习授课可由项目法人机构人员担任，也可聘请相关专家进行。质量管理机构如实记录学习、培训情况，并由主持人和参加学习的人员签字确认。学习培训记录文件格式参见附录 C.3。

学习内容除本单位制定的质量管理制度外，还应学习的主要法律、法规、技术标准见本章"6.1 相关政策文件"。

项目法人应对各参建单位关于水利工程建设相关质量法律、法规、规章、制度、技术标准的学习情况进行抽查。

6.4   开工准备质量管理工作

6.4.1   制定质量管理目标

开工前，项目法人根据工程特点和合同约定，由质量管理领导小组主持，制定本项目质量管理目标，并以文件形式发各参建单位。质量管理目标内容主要包括：

（1）工程质量总体目标。

（2）工程质量目标分解。

（3）质量事故控制目标等。

质量管理目标文件格式参见附录 C.4。

6.4.2   签署工程质量终身责任承诺书

根据《水利工程责任单位责任人质量终身责任追究管理办法（试行）》（水监督〔2021〕335 号）相关规定，项目法人对水利工程质量负首要责任，对工程质量承担全面责任。项目法人法定代表人对水利工程质量负总责，项目负责人对水利工程质量承担全面责任，

项目法人、项目负责人应当在办理工程质量监督手续前签署工程质量终身责任承诺书，连同项目负责人证明材料，由项目法人报工程质量监督机构备案。项目负责人如有更换的，应按前述规定重新备案。工程质量终身责任承诺书文件格式参见附录 C.5。

项目法人应当建立水利工程责任单位项目负责人质量终身责任信息档案，主要包括下列内容：

（1）项目负责人证明材料，包括任命文件、授权书等。

（2）项目负责人的工程质量终身责任承诺书、身份证复印件、执业资格证书复印件、变更材料等。

工程档案中有关直接责任人签字确认的文件材料，作为直接责任人质量终身责任的依据。

6.4.3　办理质量与安全监督手续

项目法人在工程开工前,按项目管理权限向相应的水利工程质量监督机构申请办理质量监督手续,签署《水利工程建设质量与安全监督书》,《监督书》应由项目法人法定代表人签字,加盖项目法人公章。

项目法人办理监督申请材料备案,可登录"山东省水利工程质量与安全监督系统"进行办理,同时向监督机构提交以下备案资料:

(1)工程项目建设审批文件。

(2)项目法人批复成立文件及现场管理机构设立文件。

(3)参建单位中标通知书、合同及其单位资质证书及复印件,现场管理机构成立文件及相关人员从业资格证书。

(4)水利工程参建单位项目负责人质量终身责任承诺书及授权书。

(5)危险性较大的单项工程清单和安全管理措施。

(6)其他质量与安全监督所需文件资料。

在工程建设过程中,项目法人应主动接受质量监督机构对工程质量的监督检查。

6.4.4　施工图审查

设计单位完成施工图设计后,项目法人(代建单位)应委托具有相应资质的设计单位或组织相关专业领域的专家对施工图设计文件进行审查,并出具审查意见。

施工图审查重点应包括以下内容:

(1)是否符合经批准的初步设计,初步设计审查意见是否已经落实。

(2)是否符合工程建设标准强制性标准和设计规范等要求。

(3)建筑物的主要结构设计是否符合规范要求,专业设计是否存在错、漏、碰、缺的问题;结构抗震处理措施是否合理。

(4)建筑物的地基处理、防渗、消能防冲等设计是否符合规范要求。

(5)建筑物混凝土的抗压、抗渗、抗冻性能指标及其他耐久性指标是否符合规范要求,是否注明建设工程合理使用年限。

(6)机械、电气、自动化等设备的性能指标及其安装设计,金属结构制作及其安装设计是否安全、可靠、经济合理。

（7）围堰、导流等重要临时设施的设计是否安全、可靠、经济合理。

（8）施工图设计说明是否设置安全专篇，是否注明涉及施工安全的重点部位和环节。

（9）施工方案对周边建筑物及相关设施的影响等。

施工图审查意见应包括：工程概况、审查依据、审查过程及主要内容、审查意见和审查结论等。

设计单位根据专家审查意见修改后，出具正式施工图设计文件。

6.4.5 图纸会审

工程各参建单位在收到施工图设计文件后，在设计交底前全面细致地熟悉施工图纸。图纸会审可由项目法人或监理单位主持，项目法人、监理单位、施工单位等参建单位站在实施方角度将图纸中影响施工质量的问题，对施工图纸概念不清楚的地方，图纸表达上存在漏、缺、误或各专业工种间有冲突的问题、可能有没看明白的问题，选用材料与市场、施工设备、现场环境等的矛盾或建设性建议进行汇总形成会审问题清单，项目法人在设计交底前提交设计单位，由设计单位进行答复或在设计交底时一并答复。图纸会审主要内容一般包括：

（1）是否无证设计或越级设计；图纸是否经设计单位正式签署；有特殊要求的图纸是否是经过相关部门图审合格。

（2）设计图纸与说明是否齐全，有无分期供图的时间表。

（3）设计地震烈度是否符合当地要求。

（4）几个设计单位共同设计的图纸相互间有无矛盾；专业图纸之间，平、立、剖面图之间有无矛盾；标注有无遗漏。

（5）总平面与施工图的几何尺寸、平面位置、标高等是否一致。

（6）防火、消防是否满足要求。

（7）各专业图纸本身是否有差错及矛盾；结构图与建筑图的平面尺寸及标高是否一致；建筑图与结构图的表示方法是否清楚；是否符合制图标准；预埋件是否表示清楚；有无钢筋明细表；钢筋的构造要求在图中是否表示清楚。

（8）施工单位是否具备施工图中所列各种标准图册。

（9）图中所要求的条件能否满足；新材料、新技术的应用有无问题。

（10）建筑与结构构造是否存在不能施工、不便于施工的技术问题，或容易导致质量、安全、工程费用增加等方面的问题。

（11）工艺管道、电气线路、设备装置、运输道路与建筑物之间或相互间有无矛盾，布置是否合理，是否满足设计功能要求。

（12）施工安全、环境卫生有无要求等。

6.4.6　设计交底

工程开工前，项目法人（代建单位）应及时组织设计交底。设计交底时，对图纸会审提出的问题可一并答复。

参加单位：项目法人、代建单位（如有）、设计单位、监理单位、施工单位、主要材料设备供应（商）单位、检测单位及其他相关单位。

设计交底宜采取会议的方式进行，会议由项目法人（或委托代建单位、监理单位）主持，由设计单位向相关参建单位对施工图设计文件进行总体介绍，说明设计意图、工程的功能，解释设计文件，明确设计要求，设计特点、难点，设计文件施工过程控制要求等。设计交底与图纸会审内容一般包括：

（1）施工现场的自然条件、工程地质及水文地质条件等。

（2）设计主导思想、建设要求与构思、使用的规范。

（3）设计抗震设防烈度的确定。

（4）基础设计、主体结构设计、设备设计（设备选型）等。

（5）对基础、结构施工的要求。

（6）对使用新材料、新技术、新工艺的要求。

（7）对施工安全技术的要求。

（8）施工中应特别注意的事项等。

设计交底与图纸会审一般按以下程序进行：

（1）由设计单位根据交底内容介绍设计意图、结构设计特点、工艺要求、施工中注意事项。

（2）各参建单位提出在图纸会审过程中发现的问题。

（3）设计单位对各方提出的图纸中的问题进行答疑。

（4）各单位针对问题进行研究与协调，制定解决措施。

项目法人质量管理机构应将设计交底与图纸会审形成书面记录，由各单位参会的负责人签字，加盖单位（机构）印章后发送相关单位。设计交底、图纸会审记录文件格式参见附录 C.6。

在设计交底记录中内容较多页面不足的,设计单位可印制单行本《×××工程项目设计交底书》作为设计交底的附件。

6.4.7　测量基准点交桩

工程开工前,项目法人组织勘测设计单位向监理单位、施工单位移交测量控制点的相关资料。测量控制点交桩成果应包括以下内容:

(1)控制点坐标、高程及位置。

(2)控制点说明。

(3)其他内容。

(4)交接桩意见及各方签字。

工程测量基准点交桩记录文件格式参见附录 C.7。

6.4.8　工程项目划分

在主体工程开工前,项目法人组织设计、监理及施工等相关单位进行工程项目划分,并确定主要单位工程、主要分部工程、重要隐蔽单元工程和关键部位单元工程。项目法人将项目划分说明及项目划分表以文件形式报质量监督机构确认。

项目划分说明一般包括下列内容:

(1)工程概况。

(2)项目划分依据。

(3)项目划分原则[项目划分原则按《水利水电工程施工质量检验与评定规程》(SL 176—2007) 3.2 的规定];划分结果应有利于保证施工质量以及施工质量管理。

(4)项目划分结果(项目划分应参照施工图设计文件和《水利水电工程施工质量检验与评定规程》条文说明 3.1.1 进行)。

(5)项目划分编码说明;项目编码应简洁明了,并能够体现出工程项目、单位工程、分部工程、单元工程的层次和顺序编号。

工程实施过程中,需对单位工程、主要分部工程、重要隐蔽单元工程和关键部位单元工程的项目划分进行调整时,项目法人应将调整部分重新报送质量监督机构确认。

6.4.9　开工报告备案

6.4.9.1　开工条件

根据《水利工程建设项目管理规定》《山东省水利工程建设管理办法》相关规定,主体工程开工应具备以下条件:

（1）项目法人或者建设单位已经设立。

（2）初步设计（实施方案）已经批准。

（3）施工详图设计满足主体工程施工需要。

（4）建设资金已经落实。

（5）主体工程施工单位和监理单位已按规定选定并依法签订了合同。

（6）工程阶段验收、竣工验收主持单位已明确。

（7）质量安全监督手续已办理。

（8）主要设备和材料已经落实来源。

（9）施工准备和征地移民等工作满足主体工程开工需要。

6.4.9.2　开工备案

主体工程开工之日起 15 个工作日内,项目法人将开工情况的书面报告以文件形式报项目主管单位和上一级主管单位备案。

开工报告内容主要包括工程满足开工条件说明、实际开工日期等。开工报告文件格式参见附录 C.8。

6.4.10　质量评定标准核备

6.4.10.1　水利水电工程项目外观评定

根据《水利水电工程施工质量检验与评定规程》（SL 176—2007）附录A.2.2,项目法人应在主体工程开工初期,组织监理、设计、施工等单位,根据工程特点（工程等级及使用情况）和相关技术标准,提出表 A.2.1（枢纽工程中的水工建筑物外观质量评定表）所列各项目的质量标准,报工程质量监督机构确认。

堤防工程、引水（渠道）工程、水利水电工程中房屋建筑工程外观质量评定按 A.3、A.4、A.5 所列项目和质量标准进行评定。

6.4.10.2　新增项目外观质量评定

根据《水利水电工程施工质量检验与评定规程》（SL 176—2007）附录

A.1.2,工程项目如遇《水利水电工程外观质量评定办法》中尚未列出的外观质量项目时,项目法人组织监理、设计、施工等单位根据工程情况和有关技术标准进行补充,研究确定后报工程质量监督机构核备。

6.4.10.3 未涉及项目质量评定

工程项目中如遇《单元工程质量评定标准》中尚未涉及的项目质量评定标准时,其质量评定标准及评定表格,由项目法人组织监理、设计及施工单位按设计要求、质量说明书及水利或其他行业的有关规定进行编制,并报质量监督机构核备。

6.4.10.4 临时工程质量评定

对大型工程重要的临时工程,项目法人按《水利水电工程施工质量检验与评定规程》(SL 176—2007)第4.2.2条的规定,组织监理、设计及施工等单位根据工程特点,参照《水利水电工程单元工程施工质量验收评定标准》和其他相关标准,确定临时工程质量检验及评定标准,并报相应的工程质量监督机构核备。

6.4.11 检测方案核准与备案

项目法人委托的第三方质量检测单位依据相关规定编制《水利工程建设项目质量检测方案》,报项目法人(或代建单位)进行核准,核准后报质量监督机构备案,检测方案备案表文件格式参见附录C.9。

项目法人(代建单位)核准检测方案时应重点审核以下内容:

（1）开展质量检测活动所依据的技术标准。

（2）关于质量检测所适用的强制性标准要求。

（3）质量检测项目及频次。

（4）关键项目和重要项目检测的方式方法。

（5）检测人员、检测设备仪器、试验室条件。

（6）检测成果的提交时间、方式等。

6.4.12 开工后检查

开工初期,项目法人质量管理机构应组织对各参建单位质量管理体系的建立情况进行一次全面检查,检查结果经参建单位负责人签字确认。

各参建单位应对存在的问题限期整改,项目法人及时开展复查和归档工作。参建单位质量管理体系检查表文件格式参见附录 C.10 。

6.5　建设过程质量管理

6.5.1　签订工程质量管理责任书

根据工程项目质量管理目标要求,项目法人(或与代建单位共同)与设计、监理、施工、主要材料设备供应(商)单位分别签订工程质量管理责任书。

责任书内容主要包括:工程内容、双方质量管理责任、奖惩规定等。参建单位质量管理责任书文件格式参见附录 C.11 。

6.5.2　制定质量管理计划(方案)

项目法人质量管理机构根据工程规模和特点,制定本项目质量管理计划(方案)。质量管理计划(方案)内容主要包括:

(1)项目法人质量管理组织机构。

(2)各参建单位质量责任及责任人员。

(3)质量管理的程序、方法与重点环节。

(4)质量检查内容。

(5)质量验收标准。

(6)质量奖惩规定等。

项目法人将质量管理计划(方案)以文件形式发至各参建单位,并按管理计划对建设质量定期开展检查。

检查频次宜每月一次,发现质量问题时应督促责任单位及时整改,消除隐患。

6.5.3　项目法人应重点参与的施工质量管理工作

6.5.3.1　原材料与中间产品质量控制

施工单位对涉及结构安全的试块、试件以及有关材料取样时,项目法人或者工程监理单位应进行监督见证取样,参与见证取样人员应在相关文件上签字。

6.5.3.2　见证第三方检测取样

项目法人应见证第三方检测单位的抽检取样过程,并在相关文件上签字。

见证取样、送样单文件格式参见附录 C.12。

6.5.3.3　水工金属结构、启闭机及机电产品质量控制

水工金属结构、启闭机及机电产品定制前，项目法人应参加采购单位组织的厂家考察活动。项目法人进行采购的，由项目法人组织设计、监理、施工、检测等单位进行考察，并完成考察报告。

水工金属结构、启闭机及机电产品制造过程中，项目法人应督促监理单位驻场监造，并形成监造记录。

6.5.3.4　设备出厂、进厂验收

水工金属结构、启闭机及机电产品出厂前，项目法人组织或参与相关单位对出厂设备进行验收；进场后，项目法人组织或参与有关单位按合同进行交货检查和验收，检查产品是否有出厂合格证、设备安装说明书及有关技术文件，对在运输和存放过程中发生的变形、受潮、损坏等问题应做好记录，并进行妥善处理；无出厂合格证或不符合质量标准的产品不得用于工程中。

6.5.3.5　重要隐蔽单元工程及关键部位单元工程质量评定

重要隐蔽单元工程及关键部位单元工程质量经施工单位自评合格、监理单位抽检后，由项目法人（或委托监理）、设计、监理、施工、工程运行管理（施工阶段已经有时）等单位组成联合小组，共同检查核定其质量等级并填写签证表，报工程质量监督机构核备。

6.5.3.6　分部工程评定

分部工程质量在施工单位自评合格后，由监理单位复核、项目法人认定，分部工程验收的质量结论由项目法人报工程质量监督机构核备。

6.5.3.7　单位工程质量评定

（1）单位工程施工质量评定

单位工程质量在施工单位自评合格后，由监理单位复核、项目法人认定。单位工程验收的质量结论由项目法人报工程质量监督机构核备。

（2）单位工程外观质量评定

①单位工程完工后，由项目法人组织监理、设计、施工及工程运行等单位组成工程外观质量评定组，现场进行外观质量评定。评定组成员应具有工程师以上技术职称或相应执业资格，评定组人数应不少于 5 人，大型工程不宜少于 7 人。

②单位工程完工后，工程外观质量评定组进行工程外观质量评定，填写外观质量评定表。

③如单位工程中只含有一种工程类型,则以该工程的外观质量评定作为单位工程外观质量评定得分;如单位工程中包括工程类型较多,各工程分别进行外观评定,并按在单位工程中所占比重进行加权汇总,作为单位工程外观质量评定得分。

④完成外观质量评定后,由项目法人报质量监督机构核备。

6.5.3.8 工程项目质量评定

工程项目质量在单位工程质量评定合格后,由监理单位进行统计并评定工程项目质量等级,经项目法人认定后,报质量监督机构核定。

实行代建制的项目,在分部工程、单位工程、工程项目质量评定表中加入"代建单位"一栏,施工质量由代建单位认定、项目法人确认。

6.5.3.9 工程建设质量检查

在施工建设期,项目法人应定期对各参建单位的质量体系的运行情况和工程施工实体质量进行检查,检查记录由相关单位项目负责人签字确认,有关责任单位限期整改,整改完成后向项目法人提交整改报告,项目法人对整改情况开展复查和归档工作。

参建单位质量管理体系运行检查表文件格式参见附录 C.13。

6.5.3.10 质量缺陷备案

在施工过程中,因特殊原因使得工程个别部位或局部产生达不到技术标准和设计要求(但不影响使用),且未能及时进行处理的工程质量缺陷问题(质量评定仍为合格),应以工程质量缺陷备案形式进行记录备案。质量缺陷备案表由监理机构组织填写,内容应真实、准确、完整。各工程参建单位代表应在质量缺陷备案表上签字,若有不同意见应明确记载。

项目法人应及时将质量缺陷备案表上报工程质量监督机构备案。质量缺陷备案资料按竣工验收的标准制备。

工程竣工验收时,项目法人应向竣工验收委员会汇报并提交历次质量缺陷备案资料。质量缺陷备案表格式参见《水利工程质量检验与评定规程》(SL 176—2007)附录 B。

6.5.3.11 质量事故

按照《水利工程质量事故处理暂行规定》(水利部令第 9 号)执行。

工程质量事故处理后,项目法人应委托具有相应资质等级的工程质量检测单位进行检测,并按照处理方案确定的质量标准重新进行工程质量评定。

6.6 设计变更

6.6.1 设计变更分类

根据《水利工程设计变更管理暂行办法》（水规计〔2020〕283号）的相关规定，设计变更分为重大设计变更和一般设计变更。

重大设计变更是指工程建设过程中，对初步设计批复的有关建设任务和内容进行调整，导致工程任务、规模、工程等级及设计标准发生变化，工程总体布置方案、主要建筑物布置及结构型式、重要机电与金属结构设备、施工组织设计方案等发生重大变化，对工程质量、安全、工期、投资、效益、环境和运行管理等产生重大影响的设计变更。具体包括内容见《水利工程设计变更管理暂行办法》（水规计〔2020〕283号）相关规定。

重大设计变更以外的其他设计变更为一般设计变更，包括并不限于：水利枢纽工程中次要建筑物的布置、结构型式、基础处理方案及施工方案变化；堤防和河道治理工程的局部变化；灌区和引调水工程中支渠（线）及以下工程的局部线路调整、局部基础处理方案变化，次要建筑物的布置、结构型式和施工组织设计变化；一般机电设备及金属结构设备形式变化；附属建设内容变化等。

6.6.2 设计变更管理流程

6.6.2.1 设计变更提出

施工单位、监理单位及项目法人等单位均可以提出设计变更建议。

施工单位提出的设计变更，应首先向监理单位提出变更建议，内容应包括：变更原因和必要性，变更范围和内容，变更对质量、价格和工期的影响，变更对后续工程施工的影响，其他需说明的情况。

6.6.2.2 监理单位审查

监理单位收到施工单位提出的变更建议后，对变更建议内容进行审查，如同意变更则提出审查意见报项目法人。

6.6.2.3 项目法人评估

项目法人应当对设计变更建议及理由进行评估，必要时，可以组织勘察设计单位、施工单位、监理单位及有关专家对设计变更建议进行技术、经济论证。

6.6.2.4 编制设计变更文件

工程勘察、设计文件的变更,应委托原勘察、设计单位进行。经原勘察、设计单位书面同意,项目法人也可以委托其他具有相应资质的勘察、设计单位进行修改。修改单位对修改的勘察、设计文件承担相应责任。

6.6.2.5 设计变更审批

如设计变更为重大设计变更,项目法人将设计变更文件按原报审程序报原初步设计审批部门审批。报水利部审批的重大设计变更,应附原初步设计文件报送单位的意见。

一般设计变更文件由项目法人组织有关参建方研究确认后实施变更,并报项目主管部门核备,项目主管部门认为必要时可组织审批。

6.6.2.6 设计变更实施

设计变更文件批准后,由项目法人负责组织实施。可按以下流程执行:

(1)项目法人将批准的设计变更文件交监理单位。

(2)监理单位向施工单位签发设计变更文件,并发出《变更指示》(格式按水利工程施工监理规范相关格式要求,下同),要求施工单位提报变更施工方案和变更报价。

(3)施工单位根据《变更指示》要求,上报《变更申报表》和《变更项目价格申报表》,说明变更实施方案和项目价格计算。

(4)监理单位对《变更申报表》进行审核,向施工单位发出《批复表》,签署施工方案审核意见;对《变更项目价格申报表》审核后出具《变更项目价格审核表》,报项目法人。

(5)项目法人收到《变更项目价格审核表》后,经项目法人、监理单位、施工单位三方协商一致,由监理单位签发《变更项目价格/工期确认单》,变更项目价款在进度款中同期支付。

如项目法人和施工单位未能就变更项目价格和工期协调一致,监理单位可确定暂定价格在进度款中暂定支付相应价款。后续事宜按合同约定执行。

6.6.2.7 设计变更文件归档

项目法人负责工程设计变更文件的归档工作。

第7章 安全生产管理

7.1 相关政策文件

《建设工程安全生产管理条例》(国务院令第393号)。

《生产安全事故报告和调查处理条例》(国务院令第493号)。

《生产安全事故应急条例》(国务院令第708号)。

《水利工程建设安全生产管理规定》(水利部令第50号,2019年修正)。

《生产经营单位安全培训规定》(国家安全生产监督管理总局令第80号,2015年修改)。

《安全生产事故隐患排查治理暂行规定》(国家安全生产监督管理总局令第16号)。

《水利水电工程施工企业主要负责人、项目负责人和专职安全生产管理人员安全生产考核管理办法》(水安监〔2011〕374号,2011年修订)。

《水利工程建设标准强制性条文管理办法(试行)》(水国科〔2012〕546号)。

《水利部关于进一步加强水利建设项目安全设施"三同时"的通知》(水安监〔2015〕298号)。

《水利部关于印发〈水利工程生产安全重大事故隐患判定标准(试行)〉的通知》(水安监〔2017〕344号)。

《水利部关于开展水利安全风险分级管控的指导意见》(水监督〔2018〕323号)。

《水利水电工程施工危险源辨识与风险评价导则(试行)》(办监督函〔2018〕1693号)。

《水利部办公厅关于印发〈水利工程生产安全重大事故隐患清单指南

（2021 年版）〉的通知》（办监督〔2021〕364 号）。

《国务院安委会办公室关于全面加强企业全员安全生产责任制工作的通知》（安委办〔2017〕29 号）。

《企业安全生产费用提取和使用管理办法》（财企〔2012〕16 号）。

《企业安全生产标准化基本规范》（GB/T 33000—2016）。

《水利水电工程施工安全管理导则》（SL 721—2015）。

7.2　安全生产管理体系建设

7.2.1　安全生产领导小组

水利工程建设项目应由项目法人牵头组建成立安全生产领导小组，项目法人主要负责人任组长，分管安全的负责人任副组长，设计、监理、施工等参建单位现场机构的主要负责人为成员。安全生产领导小组文件格式参见附录 D.1。

安全生产领导小组的职责主要包括：

（1）贯彻落实国家有关安全生产的法律、法规、规章、制度和标准，制定项目安全生产总体目标及年度目标、安全生产目标管理计划。

（2）组织制定项目安全生产管理制度，并落实。

（3）组织编制保证安全生产的措施方案和蓄水安全鉴定等工作。

（4）协调解决项目安全生产工作中的重要问题等。

安全生产领导小组每季度至少应召开一次全体会议，分析安全生产形势，研究解决安全生产工作的重大问题。会议应形成纪要，项目法人印发各参建单位，并监督执行。

7.2.2　安全生产管理机构

项目法人设置专门的安全生产管理机构，配备专职的安全生产管理人员。

安全生产管理机构一般称为安全管理部，或设置质量与安全管理部，将质量与安全管理合并为一个机构负责管理，但应分别明确质量与安全管理责任人员。

项目法人安全生产管理机构的职责主要包括：

（1）组织制定安全生产管理制度、安全生产目标、保证安全生产的措施方案，建立健全安全生产责任制。

（2）组织审查重大安全技术措施。

（3）审查施工单位安全生产许可证及有关人员的执业资格。

（4）监督检查施工单位安全生产费用使用情况。

（5）组织开展安全检查，组织召开安全例会，组织年度安全考核、评比，提出安全奖惩的建议。

（6）负责日常安全管理工作，做好施工重大危险源、重大生产安全事故隐患及事故统计、报告工作，建立安全生产档案。

（7）负责办理安全监督手续。

（8）协助生产安全事故调查处理工作。

（9）监督检查监理单位的安全监理工作。

（10）负责安全生产领导小组的日常工作等。

项目法人安全管理机构应每月组织召开一次由各参建单位参加的安全生产例会，并形成会议纪要，印发相关单位。会议纪要应明确存在的问题、整改要求、责任单位和完成时间等。

7.2.3　安全生产管理网络

由安全生产领导小组统筹协调，安全生产管理机构具体负责，组织设计单位、监理单位、施工单位、主要材料设备供应（商）单位、检测单位及其他相关参建单位的安全管理责任人员，形成自上而下的安全生产管理网络。可参考图7.1所示的网络形式。

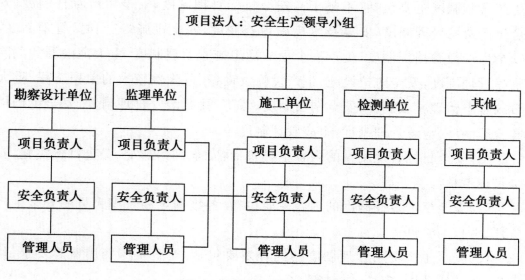

图 7.1 安全生产管理网络

7.3 安全生产管理制度建设

7.3.1 安全生产文件识别

（1）工程开工前，项目法人安全生产管理机构组织各参建单位对本项目适用的安全生产法律、法规、规章、制度和标准进行识别，并将识别结果报项目法人。

项目法人于工程开工前编制形成《适用的安全生产法律、法规、规章、制度和标准规范清单》，以文件形式书面通知各参建单位。

各参建单位应将其相关要求转化为内部安全生产管理制度贯彻执行。

（2）对国家、行业主管部门新发布的安全生产法律、法规、规章、制度和标准，项目法人应及时组织参建单位识别，并将适用的文件清单及时通知有关参建单位。

7.3.2 安全生产管理制度

项目法人安全生产管理机构应组织制定本项目安全生产管理制度。安全生产管理制度主要包括（不限于）：安全目标管理制度，安全生产责任制度，安全生产费用管理制度，安全技术措施审查制度，安全设施"三同时"管理制度，安全生产教育培训制度，生产安全事故隐患排查治理制度，重大危险源和危险物品管理制度，安全防护设施、生产设施及设备、危险性较大的单项工程、重大事故隐患治理验收制度，安全例会制度，消防、社会治安管理制度，安全生产档案管理制度，应急管理制度，事故管理制度等。

（1）安全目标管理制度的内容主要包括：安全目标制定，安全目标实施，安全目标考核与奖惩等。

（2）安全生产责任制度的内容主要包括：各级领导和管理人员的安全生产责任、考核与奖惩等。

（3）安全生产费用管理制度的内容主要包括：安全生产费用概算要求、使用程序、使用范围、审核、支付等。

（4）安全技术措施审查制度的内容主要包括：安全技术措施内容、审查组织、批复等。

（5）安全设施"三同时"管理制度的内容主要包括：安全设施设计、实施、验收等。

（6）安全生产教育培训制度的内容主要包括：安全生产培训计划、培训内容、培训形式、效果评价等。

（7）生产安全事故隐患排查治理制度的内容主要包括：隐患排查内容、方法、频次和要求等。

（8）重大危险源和危险物品管理制度的内容主要包括：管理职责、危险源辨识、危险源管控、危险源登记等。

（9）安全防护设施、生产设施及设备、危险性较大的单项工程、重大事故隐患治理验收制度的内容主要包括：验收组织、验收内容及标准、验收成果等。

（10）安全例会制度的内容主要包括：会议组织、会议内容、会议要求等。

（11）消防、社会治安管理制度的内容主要包括：管理职责、管理内容和方法、检查与考核等。

（12）安全生产档案管理制度的内容主要包括：管理职责、安全档案范围、档案保管措施等。

（13）应急管理制度的内容主要包括：应急管理组织、应急预案、应急保障、应急实施等。

（14）事故管理制度的内容主要包括：事故类别、事故报告、事故调查处理、事故档案等。

7.3.3　制度执行与检查

（1）工程开工前，项目法人应将制定的各项安全生产管理制度报项目主管部门备案；涉及各参建单位的安全生产管理制度，应书面通知相关单位；各参建单位的安全生产管理制度应报项目法人备案。

（2）在工程开工初期，项目法人安全生产管理机构对各参建单位的安全生产管理制度建立情况进行一次检查，形成检查意见并通知有关参建单位。

（3）项目法人对各参建单位安全生产法律、法规、规章、制度、标准、操作规程和安全生产管理制度的执行情况，每年至少应组织一次监督检查，提出书面检查意见并通知相关单位。

（4）督促各参建单位对本单位（机构）的安全生产管理制度执行情况进行自查，项目法人进行抽查。

7.4　安全生产目标管理

7.4.1　安全生产目标

7.4.1.1　安全生产目标制定的依据

安全生产目标应尽可能量化，便于考核。目标制定应考虑以下因素：

（1）国家有关法律、法规、规章、制度和标准的规定及合同约定。

（2）水利行业安全生产监督管理部门的要求。

（3）水利行业的技术水平和项目特点。

（4）采用的工艺和设施设备状况等。

7.4.1.2　安全生产目标的内容

项目法人根据工程项目安全生产实际，由安全生产领导小组主持，制定安全生产总体目标和年度目标。安全生产目标的内容主要包括：

（1）安全生产事故控制目标。

（2）安全生产投入目标。

（3）安全生产教育培训目标。

（4）安全生产事故隐患排查治理目标。

（5）重大危险源监控目标。

（6）应急管理目标。

（7）文明施工管理目标。

（8）人员、机械、设备、交通、消防、环境和职业健康等方面的安全管理控制目标等。

7.4.1.3　目标发布

安全目标应经单位主要负责人审批后，以文件的形式发布。

7.4.1.4　各参建单位安全生产目标

各参建单位应根据项目法人制定的安全生产总体目标和年度目标，结合本单位安全生产管理，制定本项目的安全生产总体目标和年度目标。

7.4.2　安全生产目标管理计划

项目法人应由安全生产领导小组主持制定安全生产目标管理计划。

管理计划的内容主要包括：安全生产目标值、保证措施、完成时间、责任人等。安全生产的目标应逐级分解到各管理层、职能部门及相关人员；保证措施力求量化，便于实施和考核。

项目法人的安全生产目标管理计划，应报项目主管部门备案。

7.4.3　安全生产目标责任书

7.4.3.1　项目法人单位安全生产目标责任书

项目法人安全生产目标实行分级控制。项目法人将项目安全生产目标分解到各职责部门，由法定代表人与内设机构部门负责人签订安全生产目标责任书；各内设机构部门负责人分别与部门员工签订安全生产目标责任书。

项目法人安全生产目标责任书的内容主要包括：安全生产责任、安全生产任务目标、考核奖惩等。安全生产目标责任书文件格式参见附录 D.2、D.3。

7.4.3.2　参建单位安全生产目标责任书

开工前，项目法人安全生产管理机构负责组织与各参建单位签订安全生产目标责任书。

参建单位安全生产目标责任书的内容主要包括：安全生产职责、安全生产目标指标、考核奖惩规定等。参建单位安全生产目标责任书文件格式参见附录 D.4。

7.4.4　安全生产考核

7.4.4.1　安全生产考核办法

由项目法人安全生产领导小组主持,制定对项目法人各职责部门和参建单位的安全生产目标考核办法。

考核办法的内容主要包括考核组织、职责与权限、考核内容、考核方法与奖惩等。

7.4.4.2　安全生产考核相关要求

(1)项目法人单位对内设机构部门、内设机构部门对员工的安全目标完成情况每季度进行一次考核。

(2)项目法人单位对参建单位安全生产目标的完成情况每半年组织一次考核。

(3)考核完成后,项目法人根据考核办法对相关部门和参建单位进行奖惩。

7.5　安全生产责任制

7.5.1　安全生产责任制的建立

项目法人安全生产责任制应以主要负责人为核心,明确各级负责人、各职能部门和各岗位的责任人员、责任范围和考核标准。

(1)项目法人主要负责人的安全管理职责应包括:

①贯彻落实法律、法规、规章、制度和标准,组织制定项目安全生产责任制度、安全生产目标管理计划、保证安全生产的措施方案和生产安全事故应急预案。

②组织健全项目安全生产责任制,并组织检查落实。

③组织召开安全领导小组会议,协调解决安全生产重大问题。

④负责落实安全生产费用,监督施工单位按规定使用。

⑤组织开展安全检查,及时消除隐患。

⑥组织年度安全考核、评比、奖惩。

⑦组织开展职工安全教育培训。

⑧组织或配合生产事故调查处理。

⑨及时、如实报告安全生产事故等。

（2）项目法人专职安全管理人员的安全管理职责应包括：

①贯彻执行安全生产法律、法规、规章、制度和标准，参与编制项目安全生产管理制度、安全生产目标管理计划、保证安全生产的措施方案和生产安全事故应急预案。

②协助项目法人主要负责人与各参建单位签订安全生产目标责任书。

③组织本单位人员参加安全教育培训，监督检查其他参建单位的安全教育培训情况。

④参与审查重大安全技术措施。

⑤审查施工单位安全生产许可证，监督检查特种作业人员的安全培训、考核、持证情况。

⑥参与进场设施设备、危险性较大的单项工程的验收。

⑦复核安全生产费用使用计划，监督落实安全生产措施。

⑧参与工程重点部位、关键环节的安全技术交底。

⑨组织或参与生产安全事故隐患排查治理和应急救援演练，监督落实安全生产措施。

⑩报告生产安全事故，并协助调查、处理。

⑪整理项目安全生产管理资料等。

（3）安全生产责任制还应该包括项目法人各级负责人、职责部门及员工的安全生产管理责任。

（4）安全生产责任制应以文件形式下发。

7.5.2　安全生产责任制的监督与考核

项目法人安全生产管理机构组织建立并实施安全生产责任制落实情况的监督考核机制。每季度对各职能部门、人员的安全生产责任制落实情况进行一次检查、考核，并根据考核结果进行奖惩。

对项目法人主要负责人、技术负责人、财务负责人的考核，由项目法人组建单位进行。

对内设机构和员工的考核，在主要负责人的领导下由项目法人安全生产管理机构进行。

7.5.3 适宜性评审

项目法人应定期组织对各参建单位安全生产责任制的适宜性进行评审。评审频次宜每年一次,在年初进行。更新后的安全生产责任制应按规定进行备案,并以文件形式重新印发。

7.6 安全生产费用管理

(1)项目法人在编制工程概算时,应当确定建设工程安全作业环境及安全施工措施所需费用。

(2)水利水电工程建设项目招标文件中应包含安全生产费用项目清单,明确投标方应按有关规定计取,单独报价,不得删减。项目法人对安全生产有特殊要求,需增加安全生产费用的,应在招标文件中说明,并列入安全生产费用项目清单。

(3)项目法人不得调减或挪用批准概算中确定的水利工程建设有关安全作业环境及安全施工措施等所需费用。

(4)项目法人在工程承包合同中应明确安全生产所需费用、支付计划、使用要求、调整方式等。

(5)项目法人安全生产费用管理制度应明确安全费用使用、管理的程序、职责及权限等,施工单位应按规定及时、足额使用安全生产费用。

(6)项目法人应至少每半年组织有关参建单位和专家对安全生产费用的使用落实情况进行检查,并将检查意见通知施工单位。

(7)项目法人应为本机构人员参保工伤保险、人身意外伤害险等必要的险种。

7.7 安全生产教育培训

7.7.1 教育培训制度和培训计划

安全生产教育培训制度应包括:安全生产教育培训的对象与内容、组织与管理、检查与考核等。

培训计划内容应包括:培训目标、培训内容、培训时间、培训对象、培训评价等。

项目法人每年至少应对管理人员进行一次安全生产教育培训，并经考试确认其能力符合岗位要求。

7.7.2 教育培训内容

7.7.2.1 教育培训目标

使从业人员具备必要的安全生产知识，熟悉安全生产有关法律、法规、规章、制度和标准，掌握本岗位的安全操作技能。

7.7.2.2 主要负责人的安全生产教育培训内容

（1）国家安全生产方针、政策和有关安全生产的法律、法规、规章。

（2）安全生产管理基本知识、安全生产技术。

（3）重大危险源管理、重大生产安全事故防范、应急管理及事故管理的有关规定。

（4）职业危害及其预防措施。

（5）国内外先进的安全生产管理经验。

（6）典型事故和应急救援案例分析。

（7）其他需要培训的内容。

7.7.2.3 安全生产管理人员和其他人员的安全生产教育培训内容

①国家安全生产方针、政策和有关安全生产的法律、法规、规章及标准。

②安全生产管理、安全生产技术、职业卫生等知识。

③伤亡事故统计、报告及职业危害防范、调查处理方法。

④危险源管理、专项方案及应急预案编制、应急管理及事故管理知识。

⑤国内外先进的安全生产管理经验。

⑥典型事故和应急救援案例分析。

⑦其他需要培训的内容。

7.7.2.4 其他

项目法人安全生产管理机构对安全生产教育培训的开展情况进行记录。

项目法人安全生产管理机构对各参建单位的安全生产教育培训情况进行监督检查，并定期对从业人员持证上岗情况进行审核、检查。

7.8　危险源管理

7.8.1　危险源辨识与风险评价流程

7.8.1.1　责任主体

项目法人和勘测、设计、施工、监理等参建单位是危险源辨识、风险评价和管控的主体。

7.8.1.2　危险源辨识与风险管理制度

开工前,项目法人安全生产管理机构应组织各参建单位研究制定危险源辨识与风险管理制度。

制度内容主要包括:设计、监理、施工等参建单位的职责、辨识范围、流程、方法等。

7.8.1.3　工作开展

(1)施工单位应按要求组织开展本标段危险源辨识及风险等级评价工作,并将成果及时报送项目法人和监理单位。

(2)项目法人安全生产管理机构组织开展本工程危险源辨识和风险等级评价,编制危险源辨识与风险评价报告,必要时可组织专家进行审查。危险源辨识与风险评价报告应经本单位安全生产管理部门负责人和主要负责人签字确认,危险源辨识和风险等级评价按照《水利水电工程施工危险源辨识与风险评价导则(试行)》(办监督函〔2018〕1693 号)进行。

(3)项目法人将危险源辨识和风险评价结果印发各参建单位,重大危险源应按有关规定报项目主管部门和有关部门备案。

(4)项目法人应组织监理、施工单位对重大危险源采取安全防控措施。防控措施完成后,由项目法人或委托监理单位组织相关参建单位对防控措施进行验收。

7.8.2　危险源分类和风险等级

7.8.2.1　危险源分类

危险源分别为重大危险源和一般危险源。

危险源辨识可采取直接判定法、安全检查表法、预先危险性分析法及因果分析法等方法。

危险源辨识应先采用直接判定法，不能用直接判定法辨识的，可采用其他方法进行判定。当本工程区域内出现符合《水利水电工程施工危险源辨识与风险评价导则（试行）》（办监督函〔2018〕1693号）附件2《水利水电工程施工重大危险源清单》（指南）中的任何一条要素时，可直接判定为重大危险源。

7.8.2.2　危险源风险等级评价

危险源的风险等级分为四级，由高到低依次为重大风险、较大风险、一般风险和低风险。

重大危险源为重大风险等级；一般危险源风险等级评价（重大风险、较大风险、一般风险、低风险）可采取安全检查表法、作业条件危险性评价法（LEC）等方法，推荐使用作业条件危险性评价法（LEC）。

7.8.3　危险源风险管控

（1）管控责任主体如下：

①重大风险：发生风险事件概率、危害程度均为大，或危害程度为大、发生风险事件概率为中；极其危险，由项目法人组织监理单位、施工单位共同管控，主管部门重点监督检查。

②较大风险：发生风险事件概率、危害程度均为中，或危害程度为中、发生风险事件概率为小；高度危险，由监理单位组织施工单位共同管控，项目法人监督。

③一般风险：发生风险事件概率为中、危害程度为小；中度危险，由施工单位管控，监理单位监督。

④低风险：发生风险事件概率、危害程度均为小；轻度危险，由施工单位自行管控。

（2）各单位应对危险源进行登记，其中重大危险源和风险等级为重大的一般危险源应建立专项档案，明确管理的责任部门和责任人。

（3）各单位应定期开展危险源辨识，当有新规程规范发布（修订），或施工条件、环境、要素或危险源致险因素发生较大变化，或发生生产安全事故时，应及时组织重新辨识。

7.9　事故隐患排查与治理

7.9.1　事故除患排查治理制度

项目法人安全生产管理机构组织建立事故隐患排查治理制度,项目法人单位主要负责人对本单位事故隐患排查治理工作全面负责。

事故隐患排查制度主要内容包括:隐患排查目的、内容、方法、频次和要求等。

7.9.2　事故除患排查

(1)项目法人安全生产管理机构应定期组织安全生产管理人员、工程技术人员和其他相关人员排查本单位的事故隐患。对检查中发现的事故隐患问题,能处理的,由责任单位及责任人员立即处理;不能处理的,应当及时报告本单位有关负责人,有关负责人应当及时处理。检查及处理情况应当如实登记在案。

(2)项目法人应至少每月组织一次安全生产综合检查。

(3)事故隐患分为一般事故隐患和重大事故隐患。

重大事故隐患根据《水利部办公厅关于印发水利工程生产安全重大事故隐患清单指南(2021 年版)的通知》(办监督〔2021〕364 号)进行判定,达不到重大事故隐患的为一般事故隐患。

7.9.3　事故隐患治理

(1)各参建单位对于危害和整改难度较小、发现后能够立即整改排除的一般事故隐患,应立即组织整改。

(2)重大事故隐患治理方案应由施工单位主要负责人组织制定,经监理单位审核,报项目法人同意后实施;项目法人将重大事故隐患治理方案报项目主管部门和安全生产监督机构备案。

事故隐患治理完成后,项目法人应组织对重大事故隐患治理情况进行验证和效果评估,并签署意见,报项目主管部门和安全生产监督机构备案。

(3)项目法人应当每季、每年对本单位事故隐患排查治理情况进行统计分析,并分别于下一季度15日前和下一年1月31日前向安全监管监察部门和有关部门报送书面统计分析表。统计分析表应当由生产经营单位主要负责人签字。

对于重大事故隐患,项目法人除依照前款规定报送外,应当及时向安全监管监察部门和有关部门报告。重大事故隐患报告内容应当包括:

①隐患的现状及其产生原因。

②隐患的危害程度和整改难易程度分析。

③隐患的治理方案等。

7.10 安全技术管理

7.10.1 安全生产设施"三同时"

新建、改建、扩建工程项目(以下统称建设项目)的安全设施,项目法人必须做到与主体工程同时设计、同时施工、同时投入生产和使用。

7.10.2 安全生产措施方案

7.10.2.1 方案编制

由项目法人单位的安全生产领导小组主持编制保证安全生产的措施方案。措施方案内容主要包括:

(1)项目概况。

(2)编制依据和安全生产目标。

(3)安全生产管理机构及相关负责人。

(4)安全生产的有关规章制度制定情况。

(5)安全生产管理人员及特种作业人员持证上岗情况。

(6)重大危险源监测管理和安全事故隐患排查治理方案。

(7)生产安全事故应急救援预案。

(8)工程度汛方案。

(9)其他有关事项等。

7.10.2.2 方案备案

自工程开工之日起15个工作日内,项目法人将保证安全生产的措施方案报有管辖权的水行政主管部门、流域管理机构或者其委托的水利工程建设安全生产监督机构备案。

建设过程中安全生产的情况发生变化时,应当及时对保证安全生产的措施方案进行调整,并报原备案机构。

7.10.2.3　安全生产措施落实

在工程开工前,项目法人组织各参建单位就落实保证安全生产的措施方案进行全面系统的布置,明确各参建单位的安全生产责任,并形成会议纪要。

项目法人应组织设计单位就工程的外部环境、工程地质、水文条件对工程施工安全可能构成的影响,工程施工对当地环境安全可能造成的影响,以及工程主体结构和关键部位的施工安全注意事项等进行设计交底(该内容可纳入设计交底书,在设计交底时进行)。

7.10.2.4　安全生产检查

项目法人或委托监理单位应定期对施工单位安全技术交底情况进行检查,并填写检查记录。

7.10.3　拆除和爆破工程

7.10.3.1　工程发包

项目法人应当将水利工程中的拆除工程和爆破工程发包给具有相应水利水电工程施工资质等级的施工单位。

7.10.3.2　工程备案

项目法人应在拆除工程或者爆破工程施工 15 日前,按规定向主管部门、安全生产监督机构报送以下资料备案:

(1)施工单位资质等级证明、爆破人员资格证书。

(2)拟拆除或拟爆破的工程及可能危及毗邻建筑物的说明。

(3)施工组织方案。

(4)堆放、清除废弃物的措施。

(5)生产安全事故的应急救援预案等。

7.10.4　工程周边环境

项目法人应当向施工单位提供施工现场及毗邻区域内供水、排水、供电、供气、供热、通信、广播电视等地下管线资料,气象和水文观测资料,相邻建筑物和构筑物、地下工程的有关资料，并保证资料真实、准确、完整。

7.11　设备安全管理

（1）项目法人不得明示或者暗示施工单位购买、租赁、使用不符合安全施工要求的安全防护用具、机械设备、施工机具及配件、消防设施和器材。

（2）水利水电建设工程竣工投入生产或者使用前，项目法人应组织对安全设施进行验收，安全设施验收合格后，方可正式投入生产和使用。安全设施验收范围为工程管理范围内的安全生产设施和劳动作业场所，对改建、扩建工程的验收还应包括所涉及的已有共用工程的安全设施。

（3）项目法人或委托监理单位应定期对施工单位施工设施设备安全管理制度执行情况、施工设施设备使用情况、操作人员持证情况进行监督检查，规范对施工设备的安全管理。

7.12　防洪度汛

7.12.1　防洪度汛组织机构

项目法人应组织设计、监理、施工等相关单位，成立防汛领导小组。领导小组由项目法人主要负责人任组长，分管安全负责人、技术负责人任副组长，设计、监理、施工等相关参建单位项目负责人任成员。

防汛领导小组的职责为：组织制定度汛方案及超标准洪水的度汛预案，负责防洪队伍的建立及抢险物资准备，负责在建工程安全度汛，组织防洪抢险应急演练等。

7.12.2　工程度汛方案和超标准洪水应急预案

7.12.2.1　方案和预案编制

项目法人应根据工程情况和工程度汛需要，组织设计单位、监理单位、施工单位制定工程度汛方案和超标准洪水应急预案。

项目法人负责编制项目法人度汛方案，施工单位按照施工范围编制本合同段内工程度汛方案和超标准洪水应急预案，经监理机构审核批准后，报项目法人进行汇总形成工程项目度汛方案和超标准洪水应急预案。

7.12.2.2 度汛方案内容

防汛度汛指挥机构设置、度汛工程形象、汛期施工情况、防汛度汛工作重点,人员、设备、物资准备和安全度汛措施,以及雨情、水情、汛情的获取方式和通信保障方式等。

7.12.2.3 超标准洪水应急预案内容

超标准洪水可能导致的险情预测、应急抢险指挥机构设置、应急抢险措施、应急队伍准备及应急演练等。

7.12.2.4 方案批准或备案

由项目法人将工程项目度汛方案和超标准洪水应急预案报有管辖权的防汛指挥机构批准或备案。

7.12.3 安全度汛目标责任书

汛前,项目法人和有关参建单位应分别签订安全度汛目标责任书,明确各参建单位防洪度汛责任。安全度汛目标责任书文件格式参见附录 D.5。

7.12.4 项目法人度汛相关管理工作

(1)项目法人应建立汛期值班和检查制度,建立接收和发布气象信息的工作机制,保证汛情、工情、险情信息渠道畅通。防汛期间应加强领导干部现场值班,及时协调、处理各类突发事件。

(2)项目法人应做好汛期水情预报工作,准确提供水文气象信息,预测洪峰流量及到来时间和过程,及时通告各参建单位。

(3)项目法人在汛前应组织有关参建单位,对生活、办公、施工区域进行全面检查,对围堰、子堤、人员聚集区等重点防洪度汛部位和有可能诱发山体滑坡、垮塌和泥石流等灾害的区域、施工作业点进行安全评估,制定和落实防范措施。

(4)防汛期间,应组织开展防洪度汛专项检查,对围堰、子堤等重点防汛部位巡视检查,检查水情变化,发现险情,及时进行抢险加固或组织撤离。

(5)防汛期间、超标洪水来临前,应及时组织施工淹没危险区的施工人员及施工机械设备撤离到安全地点。

(6)项目法人每年应至少组织一次防汛应急演练。

7.13　应急管理

7.13.1　应急处置指挥机构

项目法人应会同有关参建单位组建项目事故应急处置指挥机构，其应履行下列主要职责：

（1）制定事故应急预案，明确各参建单位的责任，落实应急救援的具体措施。

（2）组织事故应急救援，组织人员和设备撤离危险区域，防止事故的扩大和蔓延，尽力减少损失。

（3）及时向地方人民政府、地方安全生产监督管理部门和有关水行政主管部门应急处置指挥机构报告事故情况。

（4）配合工程所在地人民政府应急救援指挥机构的救援工作。

（5）配合有关水行政主管部门应急处置指挥机构及其他有关主管部门发布和通报有关信息。

（6）组织事故善后工作，配合事故调查、分析和处理。

（7）落实并定期检查应急救援队伍、器材、设备情况。

（8）组织应急预案的宣传、培训和演练。

（9）完成事故救援和处理的其他相关工作等。

7.13.2　安全事故应急救援预案

项目法人组织制定项目生产安全事故应急救援预案、专项应急预案，并报项目主管部门和安全生产监督机构备案。

应急救援预案和专项应急预案编写内容参见《生产经营单位安全生产事故应急预案编制导则》（GB/T 29639—2020）。

7.13.3　安全生产事故处理

（1）项目法人应建立事故报告制度，制度内容主要包括：

①生产安全事故分类。

②事故报告程序及报告时限。

③事故报告内容。

④事故调查及处理等。

（2）安全生产事故报告及处理按《中华人民共和国安全生产法》《生产安全事故报告和调查处理条例》等法律法规执行。

（3）各参建单位应每月按规定报送生产安全事故月报，并填写《水利行业生产安全事故月报表》。月报应包括以下几方面内容：

①工程建设安全事故总体情况。

②工程安全事故的详细情况。

③特点分析。

④趋势预测。

⑤对策建议等。

（4）生产经营单位发生安全生产事故时，单位的主要负责人应当立即组织抢救，并不得在事故调查处理期间擅离职守。

7.14　对参建单位的安全管理

7.14.1　安全生产管理体系检查

开工初期，项目法人应对勘察设计单位、监理单位、施工单位等参建单位的安全生产管理体系进行检查，各单位对发现的问题及时整改闭环。安全生产管理体系检查表文件格式参见附录 D.6。

7.14.2　安全生产运行情况检查

由项目法人组织勘察设计、监理、施工等参建单位定期对施工现场安全生产运行情况进行检查，对查出的问题及事故隐患由责任方及时整改形成闭环。安全生产运行情况检查表文件格式参见附录 D.7。

7.15　安全生产档案管理

（1）项目法人明确安全档案管理部门、人员及岗位职责，健全制度，安排经费，确保安全生产档案管理工作的正常开展。

（2）项目法人在签订有关合同、协议时，应对安全生产档案的收集、整理、移交提出明确要求。

检查施工安全时，应同时检查安全生产档案的收集、整理情况。进行技术鉴定、阶段验收与竣工验收时，应同时审查、验收安全生产档案的内容与质量，并作出评价。

（3）项目法人对安全生产档案管理工作负总责，应做好自身安全生产档案的收集、整理、归档工作，并加强对各参建单位安全生产档案管理工作的监督、检查和指导。

（4）项目法人的安全生产档案目录参见《水利水电工程施工安全生产管理导则》（SL 721—2015）附录 B。

第8章　进度管理

8.1　相关政策文件

《政府投资条例》(国务院令第712号)。

《国家发展和改革委员会、水利部关于加快推进重大水利工程建设的指导意见》(发改农经〔2017〕1462号)。

《水利工程建设项目管理规定(试行)》(水利部令第48号)。

《水利部关于切实加快重点水利项目建设进度的通知》(水计规〔2012〕416号)。

《水利统计管理办法》(水规计〔2014〕322号)。

《加快推进水利工程建设实施意见》(水计规〔2015〕105号)。

8.2　进度管理工作内容

(1)根据初设批复工期编制项目总体实施计划和年度实施计划。

(2)编制、上报年度建设资金申请,配合有关部门落实年度工程建设资金。

(3)配合地方政府做好征地移民工作,保障工程正常开工和建设。

(4)对工程建设各阶段的建设进度、计划执行情况进行督促、检查、分析,提出改进措施。

8.3　工程建设实施计划

在施工准备阶段应由项目法人主要负责人主持编制项目总体实施计划和年度实施计划。实施计划内容主要包括:

（1）工程概况，包括项目名称、建设内容及规划、建设工期、项目总投资及资金来源等。

（2）工程建设总体安排，包括征地移民、工程招投标、设备材料采购、工程施工、工程验收等。

（3）年度进度计划，包括年度内工作内容、年度资金落实、年度施工计划等。

（4）关键节点进度计划，包括项目主体工程、关键节点的开工、完工时间计划等。

（5）工程实施保障措施，包括工程实施过程中的难点分析、保障工程正常开展的措施等。

（6）其他工作。

8.4　进度管理工作要点

（1）在工程施工准备阶段，应将征地移民和招标工作作为工作重点。征地移民和招标工作开展应满足主体工程开工需要，避免因征迁和招投标时间过长造成主体工程开工滞后。

（2）工程招投标结束后，在约定时间内签订相关建设合同，监督参建单位及时进场。

（3）明确工程关键环节和控制节点工程，保证主体工程节点进度。汛前重要的单项工程进度应满足度汛要求，附属工程应与主体工程进度相适应。

（4）对未开工项目，分析影响开工的因素和制约环节并加以解决，限定开工时间，尽快开工；对在建项目，要不断优化施工组织设计，提高项目管理水平，在确保质量和安全的前提下，全面推进工程建设进度。

（5）建立调度会商制度，落实进度分级监管职责。

（6）建立统计台账，对工程项目相关资料进行收集、整理、汇总和分析，建立和管理本级工程项目统计数据库。工程进度统计台账文件格式参见附录E.1、E.2。

第9章 档案管理

9.1 相关政策文件

《水利工程建设项目档案验收管理办法》(水办〔2008〕366 号)。

《水利档案工作规定》(水办〔2020〕195 号)。

《水利工程建设项目档案管理规定》(水办〔2021〕200 号)。

《科学技术档案案卷构成的一般要求》(GB/T 11822—2008)。

《电子文件归档与电子档案管理规范》(GB/T 18894—2016)。

《建设项目档案管理规范》(DA/T 28—2018)。

9.2 档案管理职责

9.2.1 项目法人档案管理职责

项目法人对项目档案工作负总责,实行统一管理、统一制度、统一标准;业务上接受档案主管部门和上级主管部门的监督检查和指导。主要履行以下档案管理职责:

(1)明确档案工作的分管领导,设立或明确与工程建设管理相适应的档案管理机构;建立档案管理机构牵头、工程建设管理相关部门和参建单位参与、权责清晰的项目档案管理工作网络。

(2)制定项目文件管理和档案管理相关制度,包括档案管理办法、档案分类大纲及方案、项目文件归档范围和档案保管期限表、档案整编细则等。

(3)在招标文件中明确项目文件管理要求,与参建单位签订合同、协议时,应设立专门章节或条款,明确项目文件管理责任,包括文件形成的质量要求、归档范围、归档时间、归档套数、整理标准、介质、格式、费用及违约责任等;监理合同条款还应明确监理单位对监理项目文件和档案的检查、审查责任。

(4)建立项目文件管理和归档考核机制,对项目文件的形成与收集、整理与归档等情况进行考核;对参建单位进行合同履约考核时,应对项目文件管理条款的履约情况作出评价;在合同款完工结算、支付审批时,应审查项目文件归档情况,并将项目文件是否按要求管理和归档作为合同款支付的前提条件。应将项目档案信息化纳入项目管理信息化建设,统筹规划,同步实施。

(5)对档案主管部门和上级主管部门在项目档案监督检查工作中发现的问题及时整改落实,对检查发现的档案安全隐患应及时采取补救措施予以消除。

9.2.2　档案管理机构职责

项目法人根据工程规模和特点,设置档案管理机构,一般可由综合部履行档案管理职责。项目法人档案管理机构职责主要包括:

(1)组织协调工程建设管理相关部门和参建单位实施项目档案管理相关制度。

(2)负责制定项目档案工作方案,对参建单位进行项目文件管理和归档交底。

(3)负责监督、指导工程建设管理相关部门及参建单位项目文件的形成、收集、整理和归档工作。

(4)组织工程建设管理相关人员和档案管理人员开展档案业务培训。

(5)参加工程建设重要会议、重大活动、重要设备开箱验收、专项及阶段性检查和验收。

(6)负责审查项目文件归档的完整性和整理的规范性、系统性。

(7)负责项目档案的接收、保管、统计、编研、利用和移交等工作。

9.2.3　相关部门档案管理职责

项目法人工程技术、计划合同、质量与安全等相关部门应根据职责分工,做好职责范围内的档案管理相关工作。主要职责任务为:

(1)负责对水利工程建设项目技术文件的规范性提出要求。

（2）负责对勘察、设计、监理、施工、总承包、检测、供货等单位归档文件的完整性、准确性、有效性和规范性进行审查。

（3）负责对本部门形成的项目文件进行收发、登记、积累和收集、整理、归档。

9.2.4　参建单位档案管理职责

工程建设各参建单位主要履行以下档案管理职责：

（1）建立符合项目法人要求且规范的项目文件管理和档案管理制度，报项目法人确认后实施。

（2）负责本单位所承担项目文件的收集、整理、归档工作，接受项目法人的监督和指导。

（3）监理单位负责对监理项目归档文件的完整性、准确性、系统性、有效性和规范性进行审查，形成监理审核报告。

（4）实行总承包的建设项目，总承包单位应负责组织和协调总承包范围内项目文件的收集、整理和归档工作，履行项目档案管理职责；各分包单位负责其分包部分文件的收集、整理，提交总承包单位审核，总承包单位应签署审查意见。

9.3　档案管理内容

9.3.1　制定档案管理制度

档案管理制度一般包括：档案管理办法、档案分类方案、归档范围和保管期限、整编细则、档案保管、档案借阅、档案保密等。

9.3.2　建立档案管理工作网络

水利工程建设项目应以项目法人为核心，成立档案工作领导小组，项目法人和参建单位都应明确档案工作领导责任人和档案管理责任人，由项目法人档案管理机构牵头，工程建设管理相关部门和参建单位参与，建立项目档案管理工作网络。

项目法人应于开工后填写《水利基本建设档案管理情况登记表》，报项主管单位档案管理部门。水利基本建设档案管理登记表、工程档案管理网络图文件格式参见附录 F.1、F.2。

9.3.3　开展档案业务培训

工程建设期间，项目法人档案管理机构应邀请档案管理专业人员对参建单位进行档案管理业务知识培训，培训内容主要包括：

（1）档案管理相关概念。

（2）项目建设管理阶段与项目划分。

（3）档案管理机构与职责。

（4）档案文件管理与质量控制措施。

（5）档案资料归档范围与组卷要求。

（6）档案资料验收规程。

（7）档案移交等。

9.3.4　档案文件整理

工程建设项目档案应按照《水利工程建设项目档案管理规定》进行分类，并划分保管期限。会计档案按《会计档案管理办法》（财政部、国家档案局令第79号）进行整理。工程建设各参建单位将档案整理完成后交项目法人，交接时填写工程档案交接单。工程档案交接单文件格式参见附录 F.3。

第 10 章 水土保持和环境保护

10.1 相关政策文件

《中华人民共和国水土保持法实施条例》(国务院令第 588 号)。

《山东省水土保持条例》(山东省人民代表大会常务委员会公告第 216 号)。

《水利部关于加强事中事后监管规范生产建设项目水土保持设施自主验收的通知》(水保〔2017〕365 号)。

《水利部办公厅关于印发〈生产建设项目水土保持设施自主验收规程(试行)〉的通知》(办水保〔2018〕133 号)。

《水利部关于进一步深化"放管服"改革全面加强水土保持监管的意见》(水保〔2019〕160 号)。

《山东省水土保持补偿费征收使用管理办法》(鲁财税〔2020〕17 号)。

《建设项目环境保护管理条例》(国务院令第 682 号)。

《建设项目环境影响评价分类管理名录》(2021 年版)(生态环境部令第 16 号)。

《建设项目竣工环境保护验收暂行办法》(国环规环评〔2017〕4 号)。

《建设项目竣工环境保护验收技术规范 水利水电》(HJ 464—2009)。

10.2 水土保持设施管理

10.2.1 水土保持方案编制与审批

征占地面积在 5 公顷以上或者挖填土石方总量在 5 万立方米以上的生产

建设项目(以下简称项目)应当编制水土保持方案报告书。

征占地面积在0.5公顷以上5公顷以下或者挖填土石方总量在1000立方米以上5万立方米以下的项目应当编制水土保持方案报告表。

征占地面积不足0.5公顷且挖填土石方总量不足1000立方米的项目,不再办理水土保持方案审批手续,生产建设单位和个人依法做好水土流失防治工作。

水土保持方案报告书和报告表应当在项目开工前报水行政主管部门或者地方人民政府确定的其他水土保持方案审批部门审批,其中对水土保持方案报告表实行承诺制管理。

水土保持方案经批准后,建设项目的地点、规模发生重大变化的,应当补充或者修改水土保持方案并报原审批部门批准。

10.2.2 水土保持设施实施

项目法人应当依据批准的水土保持方案与主体工程同步开展水土保持初步设计和施工图设计,按程序与主体工程设计一并报经有关部门审核,作为水土保持措施实施的依据。如项目法人和施工单位签订的主合同中未包含水土保持设施的,应另行签订合同。

水土保持方案实施过程中,水土保持措施需要作出重大变更的,应当经原审批机构批准。

10.2.3 水土保持设施监理和监测

凡主体工程开展监理工作的项目,应当按照水土保持监理标准和规范开展水土保持工程施工监理。其中,征占地面积在20公顷以上或者挖填土石方总量在20万立方米以上的项目,应当配备具有水土保持专业监理资格的工程师;征占地面积在200公顷以上或者挖填土石方总量在200万立方米以上的项目,应当由具有水土保持工程施工监理专业资质的单位承担监理任务。

对编制水土保持方案报告书的项目,项目法人应委托技术单位开展水土保持监测工作。实行水土保持监测"绿黄红"三色评价,水土保持监测单位根据监测情况,在监测季报和总结报告等监测成果中提出"绿黄红"三色评价结论。

监测成果应当公开,项目法人在工程建设期间应当将水土保持监测季报在其官方网站公开,同时在业主项目部和施工项目部公开。水行政主管部门对监测评价结论为"红"色的项目,纳入重点监管对象。

10.2.4　验收和报备

建设项目水土保持验收实行项目法人自主验收。生产项目投产前,项目法人应委托第三方服务机构编制水土保持设施验收报告,报告编制完成后,项目法人应组织水土保持设施验收报告编制、水土保持监测、监理、方案编制、设计、施工等单位开展水土保持设施竣工验收。

验收完成后自主验收材料由项目法人和接受报备的水行政主管部门双公开,项目法人公开 20 个工作日,水行政主管部门定期公告。验收报备资料包括水土保持设施验收鉴定书、水土保持设施验收报告和水土保持监测总结报告。其中,实行承诺制或者备案制管理的项目,只需要提交水土保持设施验收鉴定书。公示期满后,项目法人登录全国水土保持信息管理系统填报验收信息,接受报备的水行政主管部门审核后向项目法人核发报备证明。

10.3　环境保护设施管理

10.3.1　环境影响评价审批

国家根据建设项目对环境的影响程度,按照下列规定对建设项目的环境保护实行分类管理:

(1)建设项目对环境可能造成重大影响的,应当编制环境影响报告书,对建设项目产生的污染和对环境的影响进行全面、详细的评价。

(2)建设项目对环境可能造成轻度影响的,应当编制环境影响报告表,对建设项目产生的污染和对环境的影响进行分析或者专项评价。

(3)建设项目对环境影响很小,不需要进行环境影响评价的,应当填报环境影响登记表。

为了实施建设项目环境影响评价分类管理,国务院环境保护行政主管部门在组织专家进行论证和征求有关部门、行业协会、企事业单位、公众等意见的基础上制定建设项目环境影响评价分类管理名录,项目法人应当按照名录的规定,分别组织编制建设项目环境影响报告书、环境影响报告表或者填报环境影响登记表。

当前最新分类管理名录为《建设项目环境影响评价分类管理名录》（2021年版）（生态环境部令第16号）。

依法应当编制环境影响报告书、环境影响报告表的建设项目，项目法人（建设单位）应当在开工建设前将环境影响报告书、环境影响报告表报有审批权的环境保护行政主管部门审批。

建设项目环境影响报告书、环境影响报告表经批准后，建设项目的性质、规模、地点、采用的生产工艺或者防治污染、防止生态破坏的措施发生重大变动的，建设单位应当重新报批建设项目环境影响报告书（表）。

10.3.2 环境保护设施实施

建设项目中的环境保护设施必须与主体工程同步设计、同时施工、同时投产使用。防治污染的设施应当符合经批准的环境影响评价文件的要求，不得擅自拆除或者闲置。如项目法人和施工单位签订的主合同中未包含环境保护设施的，应另行签订合同。

10.3.3 环境保护设施监理和监测

施工过程中项目法人应委托监理单位对环境保护设施施工开展监理活动，同时委托环境监测单位对施工过程中的施工废水、噪声、大气等进行监测。

承担水利工程环境保护监理任务的单位，应具有水利工程建设环境保护监理专业资质。

10.3.4 验收和报备

项目法人是建设项目竣工环境验收的责任主体。竣工验收前，项目法人或委托技术机构编制验收调查报告，在提出验收意见的过程中，项目法人可组织设计、施工、环评报告书（表）编制、验收调查报告编制等单位代表及专业技术专家组成验收工作组开展验收活动，形成验收意见。

验收完成后项目法人通过网站或其他便于公众知晓的方式公开验收相关信息，验收报告公开期限不少于20个工作日。公示期满后，项目法人登录全国建设环境影响评价管理信息平台，填报建设项目基本信息、环境保护设施验收情况等信息。

第 11 章 工程验收

11.1 相关政策文件

《水利工程建设项目验收管理规定》(水利部令第 49 号,2017 年修正)。

《水利水电建设工程蓄水安全鉴定暂行办法》(水利部令第 49 号,2017 年修正)。

《水利工程建设项目档案验收管理办法》(水办〔2008〕366 号)。

《大中型水利水电工程移民安置验收管理暂行办法》(水移〔2012〕77 号)。

《水利部关于加强事中事后监管规范生产建设项目水土保持设施自主验收的通知》(水保〔2017〕365 号)。

《水利部办公厅关于印发〈生产建设项目水土保持设施自主验收规程(试行)〉的通知》(办水保〔2018〕133 号)。

《建设项目竣工环境保护验收暂行办法》(国环规环评〔2017〕4 号)。

《水利工程建设项目档案管理规定》(水办〔2021〕200 号)。

《水利水电工程施工质量检验与评定规程》(SL 176—2007)。

《水利水电建设工程验收规程》(SL 223—2008)。

《泵站设备安装及验收规范》(SL 317—2015)。

《水土保持工程质量评定规程》(SL 336—2006)。

《水利水电建设工程验收技术鉴定导则》(SL 670—2015)。

《水利水电工程移民安置验收规程》(SL 682—2014)。

《建设项目竣工环境保护验收技术规范 水利水电》(HJ 464—2009)。

11.2　验收工作计划编制与备案

11.2.1　计划编制

法人验收(工程质量验收)工作计划内容主要包括：

(1)工程概况。

(2)工程项目划分。

(3)工程建设总进度计划和阶段进度计划。

(4)法人验收(分部工程验收、单位工程验收、合同工程验收等)时间计划等;进度计划可用表格形式表示,法人验收(工程质量验收)进度计划表文件格式参见附录 G.1。

11.2.2　备案管理

(1)在开工报告批准后 60 个工作日内,项目法人将法人验收工作计划报法人验收监督管理机关备案;当工程建设计划进行调整时,法人验收工作计划也应相应地进行调整并重新备案。

(2)项目法人将备案后的法人验收工作计划发项目各参建单位,各参建单位按验收计划制定工作计划。

11.3　工程质量验收(法人验收)

11.3.1　重要隐蔽单元工程(关键部位单元工程)质量评定与验收

11.3.1.1　质量评定程序

施工单位自评合格、监理单位抽检后,由项目法人(或委托监理)、监理、设计、施工、工程运行管理(施工阶段已经有时)等单位组成联合小组,共同检查、核定其质量等级并填写签证表。

11.3.1.2　项目法人责任

参加验收人员在重要隐蔽单元工程(关键部位单元工程)的工程质量签证表上签字,一般由工程现场质量管理责任人签字。

签字后的签证表报质量监督机构核备。

11.3.2　分部工程完工验收

11.3.2.1　验收申请程序
施工单位提交分部工程验收申请,监理单位对验收条件进行检查,报项目法人组织验收。

11.3.2.2　验收应具备的条件
(1)所有分部工程已完成。

(2)已完成的分部工程施工质量经评定全部合格,有关质量缺陷已处理完毕或有监理机构的处理意见。

(3)合同约定的其他条件。

11.3.2.3　验收主持单位
项目法人或委托监理单位。

11.3.2.4　验收程序
(1)听取施工单位对工程建设和单元工程质量评定情况的汇报。

(2)现场检查工程完成情况和工程质量。

(3)检查分部工程质量评定及相关档案资料。

11.3.2.5　验收成果
明确分部工程质量结论,形成分部工程验收鉴定书。

11.3.2.6　验收文件备案
自分部工程验收通过之日起 10 个工作日内,项目法人将分部工程质量结论报质量监督机构核备;自验收通过之日起 30 个工作日内,项目法人将分部工程验收鉴定书报项目法人验收监督管理机关备案。法人验收(工程质量验收)备案表文件格式参见附录 G.2。

11.3.3　单位工程完工验收

11.3.3.1　验收申请程序
施工单位提交单位工程验收申请,监理单位对验收条件进行检查,报项目法人组织验收。

11.3.3.2　验收应具备的条件
(1)所有单位工程已完建并验收合格。

（2）单位工程验收遗留问题已处理完毕并通过验收,未处理的遗留问题不影响单位工程质量评定并有处理意见。

（3）合同约定的其他条件。

11.3.3.3 验收主持单位

项目法人。

11.3.3.4 验收程序

（1）听取工程参建单位对工程建设有关情况的汇报。

（2）现场检查工程完成情况和工程质量。

（3）检查单位工程验收有关文件及相关档案资料。

（4）讨论并通过单位工程验收鉴定书。

11.3.3.5 验收成果

明确单位工程质量结论,形成单位工程验收鉴定书。

11.3.3.6 验收文件备案

项目法人应在单位工程验收通过之日起 10 个工作日内,将验收质量结论和相关资料报质量监督机构核备;自验收鉴定书通过之日起 30 个工作日内,项目法人将单位工程验收鉴定书发送有关单位并报项目法人验收监督管理机关备案。

11.3.4 合同工程完工验收

11.3.4.1 验收申请程序

施工单位提交合同工程完工验收申请,监理单位对验收条件进行检查,报项目法人组织验收。

11.3.4.2 验收应具备的条件

（1）合同范围内的工程项目和工作已按合同约定完成。

（2）工程已按规定进行了有关验收。

（3）观测仪器和设备已测得初始值及施工期各项观测值。

（4）工程质量缺陷已按要求进行处理。

（5）工程完工结算已完成。

（6）施工现场已经进行清理。

（7）需移交项目法人的档案资料已按要求整理完毕。

11.3.4.3　验收主持单位

项目法人。

11.3.4.4　验收程序

参照单位工程验收程序进行。

11.3.4.5　验收成果

形成合同工程完工验收鉴定书。工程项目只包含一个合同工程的,应明确工程项目质量结论。

11.3.4.6　验收文件备案

项目法人应在合同工程验收通过之日起 10 个工作日内,将验收质量结论和相关资料报质量监督机构核备;自验收鉴定书通过之日起 30 个工作日内,项目法人将合同工程验收鉴定书发送有关单位并报项目法人验收监督管理机关备案。

11.3.4.7　质量保修书及完工证书

通过合同工程完工验收后,施工单位在 30 个工作日内向项目法人进行工程交接,交接过程应形成完整的文字记录并有交接双方负责人签字。施工单位应同时向项目法人递交工程质量保修书,保修日期自通过合同完工验收之日起计算;如因施工单位原因未在 30 个工作日内完成工程交接,保修日期自实际完成交接之日起计算。合同工程交接证书文件格式参见附录 G.3。

在完成施工场地清理以及提交有关资料后,项目法人应在 30 个工作日内向施工单位颁发合同工程完工证书。

11.3.5　工程质量验收项目法人工作要点

(1)工程验收应在施工质量检验与评定的基础上,对工程质量提出明确结论意见。

(2)工程验收后,质量评定结论应当报质量监督机构核备。未经核备的,不得组织下一阶段验收。

(3)大型工程的分部工程验收工作组成员应具有中级及以上技术职称或相应执业资格,其他工程的验收工作组成员应具有相应的专业知识或执业资格;参加分部工程验收的每个单位代表人数不宜超过 2 名。

(4)单位工程验收工作组成员应具有中级及以上技术职称或相应执业资格,每个单位代表人数不宜超过 3 名。

（5）水利工程建设项目具备验收条件时，项目法人应当及时组织验收。未经验收或验收不合格的，不得交付使用或进行后续工程施工。

（6）项目由代建单位（或与项目法人共同）与施工单位签订合同的，代建单位主持单位工程、合同工程完工验收；项目法人与施工单位签订合同的，代建单位主持单位工程验收，协助项目法人主持合同工程完工验收。

11.4 阶段验收

11.4.1 阶段验收内容

阶段验收应包括枢纽工程导（截）流验收、水库下闸蓄水验收、引（调）排水工程通水验收、水电站（泵站）首末台机组启动验收等。

11.4.2 验收程序

（1）工程建设具备阶段验收时，项目法人向竣工验收主持单位提出阶段验收申请报告。申请报告内容主要包括：

①工程基本情况。

②工程验收条件的检查结果。

③工程验收准备工作情况。

④建议验收的时间、地点、参加单位等。

（2）竣工验收主持单位自收到申请报告之日起 20 个工作日内决定是否进行验收。

（3）阶段验收应包括以下主要内容：

①检查已完工程的形象面貌和工程质量。

②检查在建工程的建设情况。

③检查未完工程的计划安排和主要技术措施落实情况，以及是否具备施工条件。

④检查拟投入使用工程是否具备运行条件。

⑤检查历次验收遗留问题的处理情况。

⑥鉴定已完工程施工质量。

⑦对验收中发现的问题提出处理意见。

⑧讨论并通过阶段验收鉴定书。

（4）阶段验收成果是形成阶段验收鉴定书。自验收鉴定书通过之日起 30 个工作日内,由验收主持单位发送有关单位。

11.4.3　阶段验收项目法人工作要点

（1）水库下闸蓄水验收前,项目法人应按规定完成蓄水安全鉴定。

（2）枢纽工程导（截）流、水库下闸蓄水等阶段验收前,产生移民安置的,应当完成相应的阶段性移民安置验收。

（3）机组启动验收前,项目法人应组织成立机组启动试运行工作组启动试运行工作。

（4）首（末）台机组启动验收由竣工验收单位主持,根据机组规模情况,竣工验收主持单位也可委托项目法人主持;项目法人应主持中间机组启动验收。

（5）项目法人组织参建单位做好阶段验收的准备工作。

11.5　专项验收

11.5.1　专项验收内容

专项验收包括水土保持验收、环境保护验收、移民安置验收、档案验收等。

11.5.2　验收程序

专项验收应具备的条件、验收主要内容、验收程序及验收成果性文件的具体要求等按国家及相关行业主管部门的有关规定执行。

11.5.3　专项验收项目法人工作要点

（1）水土保持验收按水利部《生产建设项目水土保持设施自主验收规程（试行）》进行。

（2）环境保护验收按环境保护部《建设项目竣工环境保护验收暂行办法》进行。

（3）移民安置验收按水利部《水利水电工程移民安置验收规程》进行。

（4）档案验收按水利部《水利工程建设项目档案验收管理办法》进行。

11.6　竣工验收

竣工验收应当在工程建设项目全部完成并满足一定运行条件后的1年内进行。不能按期进行竣工验收的，经竣工验收主持单位同意，可适当延长期限，但最长不得超过6个月。逾期仍不能进行竣工验收的，项目法人应向竣工验收主持单位作专题报告。

大型水利工程在竣工技术预验收前，应按照有关规定进行竣工技术鉴定，形成《竣工技术鉴定报告》。中型水利工程，竣工验收主持单位可根据需要决定是否进行竣工验收技术鉴定。

11.7　验收遗留问题处理

（1）项目法人主持的验收中发现的遗留问题，由责任单位处理完成后，项目法人（或委托监理单位）组织参建单位对处理情况组织技术检查，形成验收遗留问题处理记录，作为验收鉴定书的有效组成部分。验收遗留问题处理记录文件格式参见附录G.4。

（2）政府主持的验收中发现的遗留问题，由项目法人组织相关单位处理完成后，验收主持单位或委托项目法人组织验收，并形成验收成果性文件。项目法人将验收成果性文件报竣工验收主持单位。

（3）工程竣工验收后，应由项目法人负责处理的遗留问题，项目法人已撤销的，由组建或批准组建项目法人的单位或其指定的单位处理完成。

第 12 章　财务管理

12.1　相关政策文件

《中华人民共和国政府采购法实施条例》(国务院令第 658 号)。

《企业会计准则——基本准则》(财政部令第 76 号)。

《会计档案管理办法》(财政部、国家档案局令第 79 号)。

《基本建设财务规则》(财政部令第 81 号)。

《国务院办公厅关于清理规范工程建设领域保证金的通知》(国办发〔2016〕49 号)。

《会计基础工作规范》(财政部令第 98 号)。

《财政部关于进一步完善制度规定切实加强财政资金管理的通知》(财办〔2011〕19 号)。

《财政部、安全监管总局关于印发〈企业安全生产费用提取和使用管理办法〉的通知》(财企〔2012〕16 号)。

《行政事业单位内部控制规范(试行)》(财会〔2012〕21 号)。

《财政部、水利部关于切实加强水利资金使用监督管理的意见》(财农〔2012〕22 号)。

《基本建设项目竣工财务决算管理暂行办法》(财建〔2016〕503 号)。

《基本建设项目建设成本管理规定》(财建〔2016〕504 号)。

《政府会计制度——行政事业单位会计科目和报表》(财会〔2017〕25 号)。

《中央财政水利发展资金绩效管理暂行办法》(财农〔2017〕30 号)。

《财政部关于加强会计人员诚信建设的指导意见》(财会〔2018〕9 号)。

《财政部关于贯彻实施政府会计准则制度的通知》(财会〔2018〕21 号)。

《会计人员管理办法》（财会〔2018〕33号）。

《重大水利工程中央预算内投资专项管理办法》（发改农经规〔2019〕2028号）。

《农村饮水安全巩固提升工程中央预算内投资专项管理办法》（发改农经规〔2019〕2028号）。

《水利部基本建设项目竣工财务决算管理暂行办法》（水财务〔2014〕73号）。

《水利工程建设项目法人管理指导意见》（水建设〔2020〕258号）。

《建设工程质量保证金管理办法》（建质〔2017〕138号）。

《水利基本建设项目竣工财务决算编制规程》（SL 19—2014）。

12.2　财务管理基本要求

（1）财务管理应符合国家有关财务法律、法规和制度要求。

（2）项目法人必须依法设置会计账簿，并保证其真实、完整。

（3）项目法人设置的会计机构、会计人员应按照财务制度进行会计核算，实行会计监督。

（4）项目法人会计机构、会计人员不得以任何方式伪造、变造会计凭证、会计账簿和其他会计资料，提供虚假财务会计报告。任何单位和个人不得对会计人员依法履行职责、抵制违反规定的行为实行打击报复。

（5）项目法人应主动接受上级部门开展的财务审计，并如实向审计机构提供会计凭证、会计账簿、财务会计报告和其他会计资料以及有关情况。

（6）项目法人法定代表人对本项目的会计工作和会计资料的真实性、完整性负责。

12.3　会计基础工作

12.3.1　会计机构设置及人员配备

12.3.1.1　会计机构设置

项目法人根据会计业务的需要，按照规定设置会计机构，或者在有关机构中设置会计人员并指定会计主管人员;不具备单独设置会计机构条件的,应当在有关机构中配备专职会计人员;不具备配备人员条件的,应当委托经批准设立从事会计代理记账业务的中介机构代理记账。

12.3.1.2　会计人员任职资格

会计人员应当具备从事会计工作所需要的专业能力,遵守职业道德。担任项目法人会计机构负责人(会计主管人员)的,应当具备会计师以上专业技术职务资格或者从事会计工作三年以上。

12.3.1.3　会计机构岗位设置

会计人员岗位一般设会计机构负责人(或称会计主管)、会计、出纳等岗位。岗位设置的要求主要包括:

(1)机构工作岗位人员数量应与本项目业务活动的规模、特点和管理要求相适应。

(2)不相容岗位相分离原则、符合内部牵制制度的要求有:

①出纳人员不得兼任稽核,会计档案保管,收入、支出、债权债务账目的登记。

②支出管理应确保支出申请与内部审批、付款审批,付款执行、业务经办,会计核算等不相容岗位相互分离。

③严禁一人保管收付款项所需的全部印章。财务专用章应当由专人保管,个人名章应当由本人或其授权人员保管。

(3)定期轮岗。对会计人员的工作岗位要有计划地进行轮岗,以促进会计人员全面熟悉业务和不断提高业务素质。

(4)建立健全内部控制关键岗位责任制,明确岗位职责及分工。

(5)会计人员岗位变动、调整,必须与接管人员办清交接手续。

(6)项目法人应加强对会计人员的教育和培训工作。

12.3.2　会计机构人员岗位职责

12.3.2.1　财务负责人岗位职责

(1)掌握国家颁布的财经法规、政策以及财务会计制度、管理办法,结合本项目法人实际,组织制定内部财务规章制度,并负责贯彻实施。

(2)组织筹集资金,节约使用资金。组织编制本项目法人资金筹集计划和使用计划,并组织实施。加强资金的使用管理,提高资金使用效果。

（3）认真研究税法，督促足额上缴，不挤占、不挪用、不拖欠、不截留。

（4）组织分析活动，参与经营决策，挖掘增收节支的潜力。

（5）参与审查合同，维护企业利益。审查或参与拟定经济合同、协议及其他经济文件。

（6）提出财务报告，汇报财务工作。

（7）组织会计人员学习，考核调配人员，建立会计部门岗位责任制。

12.3.2.2　会计岗位职责

（1）按照国家会计法，在财务负责人的指导、监督下做好记账工作。

（2）按照财务制度审核原始凭证和记账凭证，建立并完善财务凭证。

（3）在财务负责人的监督下进行财务核算、计划、控制工作，编制各种财务会计报表，组织项目法人日常会计核算工作，发现问题及时查实并向有关领导汇报。

（4）认真执行会计制度，按时做好记账、算账、报账工作，如实全面地反映项目法人资金活动情况，做到手续完备、内容真实、数据准确、账目清楚、按期结报。

（5）对出纳工作进行把关、复核。对编制工资、奖金发放表进行审核，确保工资、奖金的发放及时准确；严格审核出纳岗位的财务数据，定期与出纳核对台账。

（6）负责项目法人费用、成本及利润的核算。

（7）定期核对往来账款，及时清算应收应付款；对确实无法收回的应收账款和无法支付的应付账款，应查明原因，按照规定报经批准后处理。

（8）按照规定，定期（月、季、年）核对账目、结账、编制会计报表，并做到报表数字真实、计算准确、内容完整、说明清楚。

（9）及时审核纳税申报工作，杜绝不按时申报纳税的情况发生。

（10）按照固定资产管理与核算实施办法，负责固定资产明细核算，提取固定资产折旧，编制固定资产分类折旧计算表，参与固定资产清查盘点，分析固定资产的使用效果。

（11）对签订的合同及时登记、保存，并做好合同管理台账。

（12）负责财务档案、财务文书的管理，妥善保管财务账簿、会计报表、会计资料，保守财务秘密。

（13）完成领导交付的其他工作。

12.3.2.3 出纳岗位职责

（1）负责办理现金收付款业务；负责现金、银行各类票据的收入、转账结算业务；负责将现金、各类票据送存会计部门。

（2）严格按照财务制度和支付金额范围的有关规定，对收到单据进行预审，对不符合规定的予以退回，对符合规定的交分管领导签字。

（3）坚持先批后报的原则，为签批手续完备的单据办理收付、报销手续，对办理完成的收付款业务要按要求做好台账，提交给会计岗位作为核对、制作会计凭证的依据。

（4）根据人力资源部下发的工资调整通知，编制职工工资及奖金发放表，办理代扣款项（包括计算个人所得税、保险金等）并报会计岗位审核。

（5）开具收据并办理其他往来款项的结算业务。按时打印机制凭证，及时整理凭证并装订。

（6）负责发票的购买、保管，并根据业务部门的要求开具发票并及时登记台账，待款项收到后及时补充登记。

（7）负责有价证券、空白支票、收据的保管工作并登记好相关台账；严格按照印章管理规定保管、使用各类印章，并做到人在章在，离岗收讫。

（8）确保各类台账登记的准确性、及时性。

（9）完成领导交办的其他工作。

12.3.3　财务管理制度

项目法人应根据项目内容和特点，建立健全基本建设财务管理制度、项目资金使用制度和内部控制制度，一般包括：

12.3.3.1 财务管理制度

（1）会计人员岗位责任制度的内容主要包括：会计人员的工作岗位设置，岗位职责和标准、人员和分工，会计工作岗位轮换办法及对各岗位的考核办法。

（2）会计机构内部稽核制度的内容主要包括：稽核工作的组织形式和具体分工，稽核工作的职责、权限，审核会计凭证和复核会计账簿及会计报表的方法等。

（3）财产清查制度的内容主要包括：财产清查的范围,清查的组织、期限和方法,对财产清查中发现问题的处理办法及对财产管理人员的奖惩办法等。

（4）财务收支审批制度的内容主要包括：财务收支审批人员、审批权限、审批程序、审批人员的责任等。

（5）会计档案管理制度的内容主要包括：对会计凭证、会计账簿、财务会计报告和其他会计资料的建档;完善会计档案的收集、整理、保管、利用和鉴定销毁等管理制度;采取可靠的安全防护技术和措施,保证会计档案的真实、完整、可用、安全等。

12.3.3.2　项目资金使用制度

（1）工程建设资金筹集管理制度的内容主要包括：资金使用计划、资金筹集方式、资金申请与批准等。

（2）工程价款结算办法的内容主要包括;结算内容、结算申报、审核及批准等。

（3）工程建设成本管理制度的内容主要包括：成本范围、成本分摊、成本核算等。

12.3.3.3　内部控制制度

（1）机构层面的内部控制的内容主要包括：决策议事机制、岗位责任制、建立健全财务体系、信息系统的运用。

（2）业务层面的内部控制的内容主要包括：预算管理、收支管理、采购管理、资产管理、项目管理、合同管理等。

12.3.4　会计核算一般要求

（1）按项目单独核算,将核算情况纳入项目法人账簿和财务报表,保证项目资料完整。

（2）扎实做好政府会计准则制度实施准备工作。

（3）依法接受检查。接受有关监督检查部门依法实施的监督检查,如实提供会计凭证、会计账簿、财务会计报告和其他会计资料以及有关情况,不得拒绝、隐匿、谎报。

（4）真实性、完整性原则。根据实际发生进行会计核算,填制会计凭证,登记会计账簿,编制财务会计报告。

（5）依法取得合规原始凭证。原始凭证要内容完备、签名盖章完整、金额无误，原始凭证不得涂改、挖补。

（6）记账凭证填制规范。内容齐全，连续编号，依据的原始凭证完整。

（7）按照国家统一会计制度的规定和会计业务的需要设置会计账簿。会计账簿包括总账、明细账、日记账和其他辅助性账簿。

（8）规范性、时效性、权责发生制原则。规范会计科目使用，规范核算工程价款；发生的所有经济事项，应当及时办理会计手续、进行会计核算和账务处理。

12.4 项目预算管理

12.4.1 预算编制要求

（1）编制项目预算应当以批准的概算为基础，按照项目实际建设资金需求编制，并控制在批准的概算总投资规模、范围和标准以内。

（2）应细化项目预算，分解项目各年度预算和资金预算需求。涉及政府采购的，应当按照规定编制政府采购预算。

（3）应清晰反映项目内容、具体活动和支出，严格执行相关项目支出标准，真实反映支出需求，严禁重复申报和虚报项目内容。

（4）应根据项目概算、建设工期、年度投资和自筹资金计划、以前年度项目各类资金结转情况等，提出项目资金预算建议数，按照规定程序经项目主管部门审核后报有关部门批准。

（5）推进项目标准化管理，细化项目预算编制的规范和标准，逐步建立健全项目编制的规范体系。

12.4.2 预算执行及调整

（1）制定项目预算执行制度，建立健全内部控制机制。

（2）应当严格执行项目资金预算。严格支出管理，实施绩效监控，开展绩效评价，提高资金使用效益。

（3）项目资金预算安排应当以项目以前的年度资金预算执行情况、项目预算评审意见和绩效评价结果作为重要依据。项目资金未按预算要求执行的，按照有关规定调减或者收回。

（4）项目支出预算一经批复，各部门和项目单位不得自行调整。对发生停建、缓建、迁移、合并、分立、重大设计变更等变动事项和其他特殊情况确需调整的项目，应当按照规定程序报项目主管部门审核后，向有关部门申请调整项目资金预算。

12.5　项目资金管理

12.5.1　资金筹集

（1）项目建设单位在决策阶段应当明确建设资金来源，落实建设资金，合理控制筹资成本。非经营性项目建设资金按照国家有关规定筹集；经营性项目在防范风险的前提下，可以多渠道筹集建设资金。

（2）经营性项目应筹集一定比例的非债务性资金作为项目资本。在项目建设期间，项目的投资者不得以任何方式抽走出资。经营性项目的投资者以非货币财产作价出资的，应当委托具有专业能力的资产评估机构依法评估作价。

（3）严禁利用或虚构政府购买服务合同违法违规融资。承接主体利用政府购买服务合同向金融机构融资时，应当配合金融机构做好合规性管理。

（4）项目法人应主动了解、知晓地方建设资金的配套政策以及水利建设项目资金使用拨付程序、预算下达程序，提前做好项目资金收支计划，避免资金配套不到位带来的项目中断、叫停。

12.5.2　资金管理

12.5.2.1　管理要求

（1）项目法人作为单位银行结算账户的存款人，只能在银行开立一个基本存款账户。

（2）严禁重复申报项目内容，严禁虚增投资完成额套取国家资金，严禁虚报、虚列项目套取国家资金。

（3）项目法人有违反国家有关投资建设项目规定的行为的,应接受责令改正,调整有关会计账目,上缴违法所得和罚款,停止拨付工程投资;接受上级主管部门的警告、通报批评,其直接负责的主管人员和其他直接责任人接受处分。

12.5.2.2　程序管理

（1）未经批准,超标准发生的项目建设管理费由项目建设单位用自有资金弥补;地方级项目,由同级财政部门确定审核批准的要求和程序。

（2）代建管理费确需超过确定的开支标准的,行政单位和使用财政资金建设的事业单位中央项目,应当事前报项目主管部门审核批准,并报财政部备案;地方项目,由同级财政部门确定审核批准的要求和程序。

（3）政府采购工程以及与工程建设有关的货物、服务,采用招标方式采购的,适用《招标投标法》及其实施条例;采用其他方式采购的,适用《政府采购法》及其实施条例。

12.5.3　建设成本管理

（1）建设成本是指按照批准的建设内容安排的各项支出,包括建筑安装工程投资支出、设备投资支出、待摊投资支出和其他投资支出。

（2）项目建设单位应当严格控制建设成本的范围、标准和支出责任,以下支出不得列入项目建设成本:

①超过批准建设内容发生的支出。

②不符合合同协议的支出。

③非法收费和摊派的支出。

④无发票或者发票项目不全、无审批手续、无责任人员签字的支出。

⑤因设计单位、施工单位、供货单位等原因造成的工程报废等损失,以及未按照规定报经批准的损失。

⑥项目符合规定的验收条件之日起 3 个月后发生的支出。

⑦其他不属于本项目应当负担的支出。

（3）用于项目前期工作经费的部分,在项目批准建设后,列入项目建设成本。没有被批准或者批准后又被取消的项目,财政资金如有结余,全部缴回国库。

12.5.4　建设工程价款结算

12.5.4.1　工程预付款

（1）一般要求：工程预付款支付比例应按合同约定比例进行支付，包工包料工程的预付款原则上预付比例不低于合同金额的10％、不高于合同金额的30％。预付的工程款必须在合同中约定抵扣方式，并在工程进度款中进行抵扣。凡是没有签订合同或未按合同条款要求提交预付款保函（或保证金）或不具备施工条件的工程，不得预付工程款，不得以预付款为名转移资金。预付款支付金额不得大于预付款担保的有效金额。

（2）财务支付审核要求：工程预付款支付应有监理单位总监理工程师签发的工程预付款支付证书、施工单位提交的预付款担保、施工单位开具的有效收据；项目法人单位按财务支付制度规定的审批流程签字完备；支付申请材料签字齐全，无漏签、代签、涂改等现象。

12.5.4.2　工程进度款

（1）一般要求：工程进度款支付比例应按合同约定比例进行支付；工程进度款支付金额不得大于进度付款证书金额和施工单位提交的有效收据金额；支付工程进度款应按合同约定计算项目法人应扣回的预付款和扣留的质量保证金。项目法人应禁止工程价款结算不实、超进度支付、滞后支付及要求施工单位垫资等行为。

（2）申请程序：①承包人提出工程进度付款申请。项目法人单位已支付预付款的，承包人计算进度付款时应按合同约定扣除预付款和质量保证金及其他应扣除的费用。②监理单位审核。对实行监理的工程项目，施工单位将工程进度付款申请报监理单位进行审核，监理单位根据施工合同约定及相关计量规范审核后，由总监理工程师签发工程进度付款证书。③交第三方跟踪审计单位对付款申请和支付证书进行审核，并出具进度付款审核报告（如有第三方跟踪审计单位）。④项目法人内设职责部门（工程技术部门、合同部门和财务部门）审核后，报单位主要负责人审批。⑤财务部门办理资金支付。严禁现金支付工程款，必须支付到合同约定的收款单位、收款账户和开户银行。

（3）财务支付审核要求：承包人提交工程进度款支付申请；工程进度款支付应有监理单位总监理工程师签发的工程进度款支付证书、施工单位开具的有效收据、施工单位开具的相应数额发票；项目法人单位按财务支付制度规定的审批流程签字完备。

12.5.4.3　工程竣工(完工)结算价款

(1)一般要求:工程竣工结算应在承包人完成合同约定的内容后进行。竣工结算支付比例按合同约定进行,并扣除质量保证金及其他合同约定需扣除的费用。项目法人不得超出合同约定支付完工结算价款。

(2)申请程序:①承包人编制工程竣工(完工)结算报告,编制完成后报监理单位审核。②监理单位审核。对实行监理的工程项目,监理单位收到承包人申请审核的工程竣工(完工)结算书后,根据施工合同约定及相关计量规范进行审核,审核后出具监理审核书。③第三方跟踪审计单位对工程竣工(完工)结算书和监理审核书开展造价审核,最终审校值由项目法人、监理单位、承包人、第三方审计单位共同签字盖章,出具竣工结算审核报告(如有第三方跟踪审计单位)。④监理单位根据最终定案值签发最终结清证书。⑤项目法人内设职责部门(工程技术部门、合同部门和财务部门)审核后,报单位主要负责人审批。⑥财务部门办理资金支付。严禁现金支付工程款,必须支付到合同约定的收款单位、收款账户和开户银行。

(3)财务支付审核要求:承包人提交最终结清申请单;监理单位总监理工程师签发的工程最终结清证书、承包人开具的有效收据、承包人开具的相应数额发票;项目法人单位按财务支付制度规定的审批流程签字完备。

12.5.5　建设管理费

(1)建设管理费是指建设单位在项目筹备开始至办理竣工财务决算之日止为开展筹建、建设、验收总结等工作发生的管理性质的支出。

(2)建设管理费用实行总额控制,分年度据实列支。项目法人应制定管理性支出的具体内容、开支标准和审批程序,并严格执行。

(3)严格控制现金的使用范围,除规定的可以使用现金范围外,应当通过开户银行进行转账结算。可以使用现金的范围:职工工资、津贴,个人劳务报酬,根据国家规定颁发给个人的科学技术、文化艺术、体育等各种奖金,出差人员随身携带的差旅费,结算起点 1000 元以下的零星支出等。

(4)一般不发生业务招待费,确需列支的,项目业务招待费支出应严格按照国家有关规定执行,并不得超过项目建设管理费的 5%。

12.5.6　结余资金

（1）经营性项目结余资金，转入单位的相关资产。非经营性项目结余资金，首先用于归还项目贷款。如有结余，按照项目资金来源，属于财政资金的部分应当在项目竣工验收合格后 3 个月内，按照预算管理制度的有关规定收回财政。

（2）对于国库集中支付的结余资金，按项目主管部门要求执行。

12.5.7　资金使用规范化

12.5.7.1　质量保证金

质量保证金管理应遵循《建设工程质量保证金管理暂行办法》的规定，保留不低于 3％的质量保证（保修）金，待工程交付使用合同约定的质保期到期后清算，质保期内因承包人原因造成的缺陷，承包人应负责维修，并承担鉴定及维修费用。如承包人不维修也不承担费用，发包人可按合同约定扣除保证金，并由承包人承担违约责任。

12.5.7.2　投标保证金

（1）项目法人应在招标文件中明确投标保证金金额，投标保证金不得超过招标项目估算价的 2％。鼓励对诚信记录良好的供应商免收投标保证金。可根据项目情况、潜在供应商资信状况、市场供需关系等，自行确定是否收取投标保证金。

（2）投标保证金有效期应当与投标有效期一致。

（3）允许供应商自主选择以支票、汇票、本票、保函等非现金形式缴纳投标保证金。

（4）缴纳时间不得迟于投标文件截止时间，否则投标文件按无效标处理。

（5）招标人不得挪用投标保证金。

（6）投标保证金的退还：招标人应当自中标通知书发出之日起 5 个工作日内退还未中标供应商的投标保证金，自合同签订之日起 5 个工作日内退还中标供应商的投标保证金。

12.5.7.3　履约担保（金）

（1）招标文件要求中标人提交履约保证金的，中标人应当按照招标文件的要求提交。履约保证金不得超过中标合同金额的 10％。

（2）履约担保方式：履约担保金（又叫履约保证金）、履约银行保函和履约担保书。使用履约担保书的应征得项目法人同意。

（3）履约担保金的退还：法律、行政法规并未明确规定履约保证金的管理方式，属于双方当事人意定范畴；其返还时间、条件由双方当事人在合同中约定，为保证工程按期、保质完成，发包人可以以工程竣工验收为返还履约保证金的条件，还可约定履约保证金自动转为质量保证金。

鼓励采购人根据项目特点、供应商诚信、结算方式等情况免收履约保证金或降低缴纳比例，并在采购文件中事先明确。采购人不得以供应商事先提交履约保证金作为签订合同的条件；不得拒收供应商以银行、保险公司出具保函形式提交的履约保证金。对于后付费项目，原则上不再收取履约保证金。政府采购合同履约验收合格后 5 个工作日内，采购人应当退还履约保证金，不得滞压供应商资金。对因供应商违约扣缴的履约保证金，依照罚没财物管理的有关规定执行。

12.5.7.4　工程质量保证金

（1）在工程项目竣工前，已经缴纳履约保证金的，项目法人不得同时预留工程质量保证金。采用工程质量保证担保、工程质量保险等其他保证方式的项目法人不得再预留保证金。

（2）项目法人应按照合同约定方式预留保证金，保证金总预留比例不得高于工程价款结算总额的 3%。合同约定由承包人以银行保函替代预留保证金的，保函金额不得高于工程价款结算总额的 3%。

（3）项目法人在接到承包人返还保证金申请后，应于 14 天内会同承包人按照合同约定的内容进行核实。如无异议，应当按照约定返还给承包人。

（4）项目法人和承包人对保证金预留、返还以及工程维修质量、费用有争议的，按承包合同约定的争议和纠纷解决程序处理。

12.5.7.5　农民工工资保证金

在市政、交通、水利等工程建设领域全面实行工资保证金制度，逐步将实施范围扩大到其他易发生拖欠工资的行业。建立工资保证金差异化缴存办法，对一定时期内未发生工资拖欠的企业实行减免措施，对发生工资拖欠的企业适当提高缴存比例。严格规范工资保证金动用和退还办法。探索推行业主担保、银行保函等第三方担保制度，积极引入商业保险机制，保障农民工工资支付。

12.5.7.6 专项资金

专项资金实行"专人管理，专户储存，专账核算，专项使用"。资金的拨付杜绝现金支付，一律专账结算。本着专款专用原则，严格执行项目资金批准的使用计划和项目批复内容，不得擅自调项、扩项、缩项，更不得拆借、挪用、挤占和随意扣压；资金拨付动向按不同专项资金的要求执行，不得随意改变；特殊情况，必须请示。专项资金的支出要严格审核，不得缺项和越程序办理。

（1）水保工程资金：县级以上水行政主管部门按照水土保持方案审批权限负责征收水土保持补偿费。其中，由水利部审批水土保持方案的，水土保持补偿费由省级水行政主管部门征收。从事其他生产建设活动的单位和个人应当缴纳的水土保持补偿费，由生产建设活动所在县级水行政主管部门负责征收。

开办一般性生产建设项目的，缴纳义务人应当在项目开工前一次性缴纳水土保持补偿费。

（2）环保工程资金：项目法人建设项目的初步设计，应当按照环境保护设计规范的要求，落实防治环境污染和生态破坏的措施以及环境保护设施投资概算。项目法人应当将环境保护设施建设纳入施工合同，保证环境保护设施建设进度和资金，并在项目建设过程中组织实施环境影响报告书、环境影响报告表及其审批部门审批决定中提出的环境保护措施。

（3）安全措施资金：根据《企业安全生产费用提取和使用管理办法》的规定，建设工程施工企业以建筑安装工程造价为计提依据，水利水电工程安全费用提取标准为 2%。

建设工程施工企业安全费用应当按照以下范围使用：

①完善、改造和维护安全防护设施设备支出（不含"三同时"要求初期投入的安全设施），包括施工现场临时用电系统、洞口、临边、机械设备、高处作业防护、交叉作业防护、防火、防爆、防尘、防毒、防雷、防台风、防地质灾害、地下工程有害气体监测、通风、临时安全防护等设施设备支出。

②配备、维护、保养应急救援器材、设备支出和应急演练支出。

③开展重大危险源、事故隐患评估、监控、整改支出。

④安全生产检查、评价（不包括新建、改建、扩建项目安全评价）、咨询和标准化建设支出。

⑤配备和更新现场作业人员安全防护用品支出。

⑥安全生产宣传、教育、培训支出。

⑦安全生产适用的新技术、新标准、新工艺、新装备的推广应用支出。

⑧安全设施及特种设备检测检验支出。

⑨其他与安全生产直接相关的支出。

（4）征地移民及补偿资金：大中型水利水电工程开工前，项目法人应根据经批准的移民安置规划，与移民区和移民安置区所在地人民政府签订移民安置协议，并按照移民安置实施进度将征地补偿和移民安置资金支付给对方。

征地补偿和移民安置资金应当专户存储、专账核算，存储期间的利息，应当纳入征地补偿和移民安置资金，不得挪作他用。

项目法人应接受各级财政、水利部门对水利项目建设、资金使用管理、施工进度、支付进度等情况的专项检查监督。

12.5.7.7　建设资金使用应注意的问题

（1）财务管理应当遵循专款专用原则，严格按照批准的建设内容、规模和标准使用资金，严禁转移、侵占、挪用、长期滞留工程建设资金。

（2）对同时满足按照完成项目代建任务、工程质量优良、项目投资控制在批准概算总投资范围三个条件的，可以支付代建单位利润或奖励资金，代建单位利润或奖励资金一般不得超过代建管理费的 10%。

（3）不得私设"小金库"。对设立"小金库"的，对主要领导、分管领导和责任人严肃处理，按照组织程序予以免职，再依据党纪政纪和有关法律法规追究责任。

（4）除依法依规设立的投标保证金、履约保证金、工程质量保证金、农民工工资保证金外，其他保证金一律取消。

（5）依法必须进行招标项目的境内投标单位，以现金或者支票形式提交的投标保证金应当从其基本账户转出。

12.6　竣工财务决算

12.6.1　决算报告编制

12.6.1.1　编制竣工财务决算应具备的条件

（1）经批准的初步设计、项目任务书所确定的内容已完成。

（2）建设资金全部到位。

（3）竣工（完工）结算已完成。

（4）未完工程的投资和预留费用不超过规定的比例。

（5）涉及法律诉讼、工程质量、征地及移民安置的事项已处理完毕。

（6）其他影响竣工财务决算编制的重大问题已解决。

（7）未完工程投资及预留费用可预计纳入竣工财务决算。大中型工程应控制在总概算的 3％以内，小型工程应控制在总概算的 5％以内。非工程类项目不宜计列未完工程投资和预留费用。

12.6.1.2　编制时间

基本建设项目（以下简称项目）完工可投入使用或者试运行合格后，应当在 3 个月内编报竣工财务决算，特殊情况确需延长的，中小型项目不得超过 2 个月，大型项目不得超过 6 个月。

12.6.1.3　竣工决算报告要求

（1）竣工财务决算基准日期应依据资金到位、投资完成、竣工财务清理等情况确定。

（2）竣工财务决算编制内容完整。

（3）竣工财务决算由项目法人或项目责任单位组织编制。

（4）竣工财务决算编制应当及时。

（5）待摊投资按规定分摊。

（6）按规定核销基建支出。

（7）按规定处理转出投资。

（8）清理应收应付等往来款事项。

12.6.2　决算与预算（概算）对比

有利于强化预算的观念，提高管理水平；有利于反映预算编制是否合理，反映预算（概算）执行情况；有利于对执行过程和完成结果实行全面的跟踪问效，实现对本项目预算（概算）执行情况的全面分析。

12.6.3　决算报告审计

决算报告编制完成后，应向上级部门申请报批，接受并配合上级单位进行决算报告审计。

12.7　预算绩效管理

根据财政部《水利发展资金管理办法》(财农〔2019〕54 号)、《项目支出绩效评价管理办法》(财预〔2020〕10 号)、《中共中央、国务院关于全面实施预算绩效管理的意见》、《财政部、水利部关于切实加强水利资金使用监督管理的意见》(财农〔2012〕22 号)的精神,项目法人要按照全面实施预算绩效管理的要求,对项目建设阶段开展绩效自评,经同级财政部门复核后,形成水利资金绩效自评报告和绩效自评表,提高财政资金预算绩效管理水平。

12.7.1　绩效目标管理

(1)应按要求设定绩效目标。绩效目标应清晰反映水利发展资金的预期产出和效果,并以绩效指标细化、量化,定量指标为主、定性指标为辅。

(2)绩效目标要具备完整性、相关性、适当性及可行性。

12.7.2　绩效运行监控

预算执行中,要对绩效目标预期实现程度和资金运行状况开展绩效目标执行监控,及时发现并纠正存在的问题,推动绩效目标如期实现。

12.7.3　绩效评价和结果运用

(1)对照绩效目标开展绩效自评。绩效自评报告主要包括以下内容:

①项目安排和资金使用基本情况。

②绩效管理工作开展情况。

③绩效目标的实现程度及效果。

④存在问题及原因分析(项目绩效评价存在问题的分析应当全面、准确,得出的结论应当客观、公正,提出的对策建议应当合理、可行)。

⑤评价结论。

⑥相关建议和意见,其他需要说明的问题。

(2)根据工作需要,可委托第三方机构参与绩效评价。

(3)绩效评价的主要依据如下:

①经批复的绩效目标及指标。

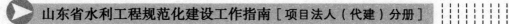

②国家相关法律、法规和规章制度，财政部、水利部发布的相关政策和管理制度，水利行业标准及技术规范。

③相关规划、实施方案，项目可行性研究报告、初步设计等批复文件，项目建设管理有关资料和数据等。

④预算下达文件，有关财务会计资料。

⑤截至评价时，已形成的验收、审计、决算、稽查、检查报告等，国家有关部门公布的相关统计数据。

（4）绩效评价结果采取评分与评级相结合的形式。评分实行百分制，满分为100分。根据得分情况将评价结果划分为四个等级：考核得分90分（含）以上为优秀，80（含）～90分为良好，60（含）～80分为合格，60分以下为不合格。

（5）绩效评价结果采取适当形式通报相关部门，与资金分配挂钩，并作为改进管理、完善政策的重要依据。

预算项目支出绩效自评表、支出绩效评价指标体系框架参见附录H1、H2。

附　录

附录 A　项目法人组建附件

A.1　项目法人驻地标识、标牌参考格式

项目法人驻地标识标牌标准如附表 A.1 所示。

附表 A.1　项目法人驻地标识、标牌标准

序号	标识名称	尺寸 (长×宽,cm)	颜色、字体	标识内容及要求	设置位置
1	管理制度牌 (含职责牌)	80×60	参照标准管理相关要求	岗位职责、工作守则、组织机构、建设目标等,牌底部写有单位名称,亚克力板、合金边框	办公室、会议室
2	工程概况牌	300×200	参照标准管理相关要求	标志牌版面由不锈钢或镀锌钢板制成,立柱采用不锈钢或镀锌圆钢管	驻地大门口或院内
3	工程总体布置图	300×150		亚克力板、合金边框	会议室
4	建设进度图	80×150		亚克力板、合金边框	会议室
5	办公室门牌	30×12	参照标准管理相关要求	亚克力板或合金	各办公室门上
6	宣传栏	240×120 (单窗)		可设置多窗	驻地院内

A.2　文件材料制作参考格式

A.2.1　文件材料要求

（1）纸张

A4 纸。

（2）排版规格

①标题：居中，二号方正小标宋（或黑体）字体，不加粗。可分一行或多行居中排布；回行时，要做到词意完整，排列对称，间距恰当。

②正文：一级标题（一、……）（序号后是"、"），三号黑体字体，不加粗，句末不加标点符号，然后回行。二级标题［（一）……］（序号后无标点），三号楷体字体，不加粗，句末不加标点符号，然后回行。三级标题（1.……或 a.……）（序号后是"."，不是"，"也不是"、"），三号仿宋字体，加粗，句末不加标点符号，然后回行。其余标题［（1）……　①……］，序号后不加标点符号，字号与正文要求相同，不回行。

正文字体为三号仿宋，一般每面排 22 行，每行排 28 个字（设置办法：上边距 3.7 cm，下边距 3.4 cm，左边距 2.8 cm，右边距 2.3 cm，行间距固定值 28 磅）。每自然段左空二字，回行顶格；数字、年份不能回行。

③表格：公文中附表，对横排表格，应将页码放在横表的左侧，单页码置于表格的左下角，双页码置于表格的左上角，单页码表头在订口一边，双页码表头在切口一边。表格标题居表格上方，居中，小四号仿宋字体，加粗。表中文本，五号仿宋字体，单倍行距。

④图示：图示标题居图片下方，居中，小四号仿宋字体，加粗。

⑤附件：正文下空一行，左空二字，用三号仿宋字体标识"附件"，后标全角冒号和名称。附件如有序号使用阿拉伯数字（如"附件：1.……"）；附件名称后不加标点符号。附件应与正文一起装订，并在附件左上角第 1 行顶格标识"附件"，有序号时标识序号；附件的序号和名称前后标识应一致。

（3）印刷要求

双面印刷；页码套正，两面误差不得超过 2 mm。

（4）装订要求

左侧装订，骑马订或平订的订位为两钉，钉锯外订眼距书芯上下各 1/4 处，无坏钉、漏钉、重钉，钉脚平伏牢固。归档装订时应去掉订书钉。

（5）页码要求

页码位于底端外侧，用"－1－"格式。空白页和空白页以后的页不标识页码。

（6）引用文件要求

引用文件包括文件全称、发文机关和发文字号（"〔〕"括入，不要用"（）"）。

（7）落款与印章

单一机关行文印章格式：单一机关制发的公文在落款处不署发文机关名称，只标识成文时间（中文格式，"零"写为"○"）。成文时间右空四字；加盖印章应上距正文 2～4 mm，端正、居中下压成文时间，印章用红色。当印章下弧无文字时，采用下套方式，即下弧压在成文时间上；当印章下弧有文字时，采用中套方式，即印章中心线压在成文时间上。

联合行文印章格式：联合行文需加盖两个印章时，应将成文时间拉开，左右各空七字；主办机关印章在前；两个印章均压成文时间，印章用红色。只能采用同种加盖印章方式，以保证印章排列整齐；两印章之间不相交或相切，相距不超过 3 mm。当联合行文需加盖三个以上印章时，为防止出现空白印章，应将各发文机关名称排在发文时间和正文之间；主办机关印章在前，每排最多三个印章，两端不得超出版心；最后一排如余一个或两个印章，均居中排布；印章之间互不相交或相切，在最后一排印章之下右空二字标识成文时间。

（8）特殊情况说明

当公文排版后所剩空白处不能容下印章位置时，应采取调整行距、字距等措施加以解决，务使印章与正文同处一面，不得采取标识"此页无正文"的方法。

（9）附注

公文如有附注，用三号仿宋字体，居左空二字加圆括号标识在成文时间下一行。

（10）签发人

上报的公文标识签发人姓名，平行排列于发文字号右侧；发文字号居左空一字，签发人姓名居右空一字；"签发人"用三号仿宋字体，后标全角冒号，冒号后用三号楷体字体标识签发人姓名。下行文不标识签发人。

A.2.2　字号适用

请示、报告等上行文正文部分用三号字，也可用小三号字。

其他文件、报告等大部分材料用小三号字，信息类和一般材料可用四号字。

A.2.3　排版要求

（1）标题行间距 36～38 磅，以 36 磅为宜。

（2）字号为三号时，行间距一般设为固定值 28 磅；字号为小三号时，行间距一般设为固定值 26～27 磅；字号为四号时，行间距一般设为固定值 24～25 磅。

（3）字数较多的材料，上下左右边距可为 2.8 cm，其他要求同上。

附录 B　合同管理附件

B.1　合同签订授权委托书文件参考格式

授权委托书

本人_____系_____的法定代表人，现委托_____为我方代理人。代理人根据授权，以我方名义签署_____，其法律后果由我方承担。

代理人无转委托权。

委托单位（章）：

法定代表人：

身份证号码：

委托代理人：

身份证号码：

　　　　　　　　　　　　　　　　　　　　年　　　月　　　日

法定代表人身份证：（正/反面）

委托代理人身份证：（正/反面）

B.2 合同管理台账文件参考格式

合同管理台账

合同内容	合同名称	合同单位	合同额（万元）	单位联系人、联系方式
勘察设计合同类	工程设计合同			
施工（采购）合同类	施工承包合同			
监理合同类	工程施工监理合同			
水土保持类	水土保持方案编制合同			
	水土保持监测合同			

B.3 勘察、设计、施工、监理等合同管理明细表文件参考格式

合同管理明细表

序号	合同名称	合同编号	签订时间	合同内容	合同额（万元）	合同单位	单位资质	项目负责人	联系方式	合同运行状态

B.4　主要管理人员变更审批表文件参考格式

＿＿＿＿＿＿主要管理人员变更审批表

合同名称：　　　　　　　　　　　　合同编号：

致＿＿＿＿＿＿＿： 　　我方根据合同第＿＿＿＿＿＿条相关规定,现提出＿＿＿＿＿＿变更申请,请予以审核批复。 　　1.人员变更原因： 　　2.原岗位人员资格： 　　3.拟变更人员资格(附证书复印件)：   　　　　　　　　　　　　　　　　　　　　　　提出变更单位(章)： 　　　　　　　　　　　　　　　　　　　　　　负责人： 　　　　　　　　　　　　　　　　　　　　　　　　年　　月　　日
监理机构审核意见：   　　　　　　　　　　　　　　　　　　　　　　监理机构(章)： 　　　　　　　　　　　　　　　　　　　　　　总监理工程师： 　　　　　　　　　　　　　　　　　　　　　　　　年　　月　　日
项目法人意见：   　　　　　　　　　　　　　　　　　　　　　　项目法人单位(章)： 　　　　　　　　　　　　　　　　　　　　　　负责人： 　　　　　　　　　　　　　　　　　　　　　　　　年　　月　　日

　　注:本表一式＿＿份,由变更单位填写,变更单位＿＿份,监理单位＿＿份,项目法人＿＿份。

B.5 参建单位合同履约情况检查表文件参考格式

＿＿＿＿＿＿合同履约检查表

合同名称：   合同编号：

检查内容		检查情况
组织机构	项目经理	姓名：　　　　　　资质证书编号：
		是否变更：□未变更　　□已变更
		变更手续是否完备：□完备　　□不完备
		出勤是否要求：□符合要求　　□不符合要求
	技术负责人	姓名：　　　　　　资质证书编号：
		是否变更：□未变更　　□已变更
		变更手续是否完备：□完备　　□不完备
		出勤是否符合要求：□符合要求　　□不符合要求
质量管理	单元工程	□满足质量要求　　□不满足质量要求
	分部工程	□满足质量要求　　□不满足质量要求
	单位工程	□满足质量要求　　□不满足质量要求
	合同工程	□优良　　□合格　　□不满足质量要求
质量事故	质量事故	□无质量事故　　□出现质量事故
安全管理	安全事故	□无安全事故　　□出现安全事故
进度管理	进度完成情况	进度总目标：　　　　当前完成进度：
		□满足进度目标　　□基本满足进度目标　　□不满足进度目标
检查意见：		
存在问题：		
被检查单位：　负责人：　　　　　　　　　　　　　　　检查人员：　检查时间：		
整改完成情况（整改完成后将整改报告附本表后，作为闭环资料）：		

　　注：检查单位可结合工程实际情况和工作需要，对本表进行适当调整。

附录 C 质量管理附件

C.1 项目法人质量管理领导小组文件参考格式

×××文件

××〔20××〕××号

关于成立×××工程质量管理领导小组的通知

各部门、各有关单位：

为加强×××工程建设质量管理,提高项目管理水平,实现质量管理目标,经研究,决定成立×××工程质量管理领导小组。现将领导小组成员及其职责明确如下：

一、质量管理领导小组成员

组　　长：×××　　　项目法人法定代表人

副组长：×××　　　项目法人分管质量负责人

　　　　×××　　　项目法人技术负责人

　　　　×××　　　代建机构负责人

成　　员：项目法人质量管理部门负责人,各参建单位现场机构负责人、质量责任人。

二、质量管理领导小组主要职责

1.贯彻落实国家有关工程质量的法律、法规、规章、制度和标准,制定质量管理总体目标和质量目标管理计划；

2.组织制定项目质量管理制度并落实；

3.督促各参建单位建立健全工程质量管理体系,完善管理机制和质量责任制;

4.组织召开质量管理领导小组会议,研究解决项目质量管理中的重大问题,针对重大问题制定预防措施和对策,确保实现项目工程质量目标。

×××

年　月　日

抄送:×××综合部

年　月　日印发

C.2 项目法人管理岗位和内设机构部门职责文件参考格式

×××文件

×× 〔20××〕××号

关于明确管理岗位及内设机构部门职责的通知

各部门、(现场管理机构)：

为规范×××工程建设管理,现将项目法人各管理岗位和内设机构职责予以明确,在工作过程中各管理岗位、内设机构应明确分工、密切配合、团结协作,确保工程建设有序开展。各岗位及内设机构部门职责如下:

一、管理岗位职责

1.法定代表人:×××,对建设项目全面负责,主要工作职责包括:……

2.技术负责人:×××,对建设项目技术管理工作负责,主要工作职责包括:……

二、内设机构人员及职责

1.综合部

主任:×××,成员:×××

部门职责包括:……

2.财务部

主任:×××,成员:×××

部门职责包括:……

3.工程技术部

主任:×××,成员:×××

部门职责包括:……

4.质量管理部

主任:×××,成员:×××

部门职责包括:⋯⋯

5.安全管理部

主任:×××,成员:×××

部门职责包括:⋯⋯

6.计划合同部

主任:×××,成员:×××

部门职责包括:⋯⋯

7.征迁部

主任:×××,成员:×××

部门职责包括:⋯⋯

×××

年　月　日

抄送:×××综合部

年　月　日印发

C.3　项目法人学习培训记录文件参考格式

项目法人单位学习培训记录

项目名称				
学习培训日期		学习课时		地点	
主持人		主讲人		记录人	

学习、培训课题：

学习培训内容记录（附《学习培训人员签字表》）：

C.4 项目法人质量管理目标文件参考格式

×××文件

××〔20××〕××号

关于下达×××工程质量管理目标的通知

各参建单位：

为落实水利工程建设质量管理责任，根据《建设工程质量管理条例》等法律、法规、规章、制度等相关要求，特制定本工程质量目标。请各参建单位按文件目标要求，认真贯彻执行。

一、总体质量目标

加强质量管理工作，落实质量管理责任制，健全质量管理制度，工程项目质量达到合格/优良标准。

二、质量目标分解

1.分部工程施工质量目标：全部合格，其中____％以上达到优良等级，主要分部工程优良率达到____％。

2.单位工程施工质量目标：全部合格，其中____％以上达到优良等级，主要单位工程优良率达到____％。

3.单位工程外观质量目标：得分率达到____％以上。

三、质量事故控制目标

避免一般质量事故发生，杜绝较大及以上质量事故发生。

×××

年 月 日

抄送：×××综合部

年 月 日印发

C.5　工程质量终身责任承诺书文件参考格式

工程质量终身责任承诺书

　　本人_____担任_____工程项目的项目负责人，对该工程项目的建设（代建）工作实施组织管理。本人承诺严格按照国家有关法律法规及标准规范履行职责，并对合理使用年限内的工程质量承担相应终身责任。

　　　　　　　　　　　承诺人：

　　　　　　　　　　　身份证号码：

　　　　　　　　　　　注册执业资格（如有要求）：

　　　　　　　　　　　注册执业证号（如有要求）：

　　　　　　　　　　　　　　年　　月　　日

C.6 设计交底、图纸会审记录文件参考格式

设计交底记录

工程名称			
组织交底单位			
日　期		地　点	
参加交底单位及人员	项目法人：		
	设计单位：		
	监理单位：		
	施工单位：		
设计交底内容及议定事项：			

设计单位	监理单位	施工单位	项目法人
（章）	（章）	（章）	（章）
项目负责人：	总监理工程师：	项目经理/技术负责人：	负责人：
年　　月　　日	年　　月　　日	年　　月　　日	年　　月　　日

注：工程有代建单位的，在栏目中增加"代建单位"一栏。

图纸会审记录

工程名称		时间	
地　点		专业名称	

序号	图号	图纸问题	会审(设计交底)意见

设计单位	监理单位	施工单位	项目法人
(章)	(章)	(章)	(章)
项目负责人:	总监理工程师:	项目经理/技术负责人:	负责人:
年　月　日	年　月　日	年　月　日	年　月　日

注:工程有代建单位的,在栏目中增加"代建单位"一栏。

C.7 工程测量基准点交桩记录文件参考格式

<u>　　　　　</u>测量基准点交桩记录

工程名称			
组织交桩单位			
日　期		地　点	
参加交桩单位	项目法人：		
	设计单位：		
	监理单位：		
	施工单位：		
交桩内容	详见附件（包括说明、示意图、点位坐标高程）		
设计单位	监理单位	施工单位	项目法人
（章）	（章）	（章）	（章）
项目负责人：	总监理工程师：	项目经理/技术负责人：	负责人：
年　　月　　日	年　　月　　日	年　　月　　日	年　　月　　日

注：工程有代建单位的，在栏目中增加"代建单位"一栏。

C.8　开工报告文件参考格式

×××文件

××〔20××〕××号　　　　　　　　　　　签发人：

关于×××开工的报告

×××：

一、项目概况

二、当前工程已具备开工建设条件

1.项目法人(或建设单位)已经设立

_____工程项目法人为_____,法人代表为_____,技术负责人为_____,财务负责人为_____。

2.初步设计(或实施方案)已经批准

_____工程初步设计报告(实施方案)已由____以____〔20____〕号进行了批复,核定工程投资为_____万元。

3.施工详图设计满足主体工程施工需要

施工图设计已全部完成,满足工程施工需要。(_____部分施工详图已完成,满足主体工程施工需要。)

4.建设资金已落实

_____工程总投资为_____万元,本年度工程投资申请中央预算内资金_____万元,省及以下地方投资_____万元。_____以_____〔20____〕号文下达了投资计划。

5.主体工程施工单位和监理单位已按规定选定并依法签订了合同。

本工程共划分_____个施工标段,_____个监理标段,各参建单位已确定,并依法签订了合同。

6.工程阶段验收、竣工验收主持单位已明确

本工程阶段验收、竣工验收主持单位为＿＿＿＿＿＿＿＿。

7.质量安全监督手续已办理。

由＿＿＿＿＿＿对本工程进行质量与安全监督，已签署工程质量和安全监督书。

8.主要设备、材料已落实来源。

本工程主要设备、材料由＿＿＿＿＿＿＿＿＿供应，已确定供应单位。

9.施工准备和征地移民等工作满足主体工程开工需要。

本工程征迁移民工作由项目法人委托当地政府负责，当前征地移民进度满足主体工程开工需要。

三、工程准备工作已完成

＿＿＿＿＿＿＿＿工程的各项准备工作已经完成，具备开工条件，开工日期为＿＿＿＿＿＿年＿＿＿＿＿月＿＿＿＿＿日，特此报告。

×××

年　月　日

抄送：×××综合部

年　月　日印发

C.9　检测方案备案表文件参考格式

_____检测方案备案表

工程名称	
检测合同名称及编号	

申报简述：
我单位已编制完成《_____检测方案》,请予以审查核准。 附:《_____检测方案》。   申报单位(章)： 项目负责人： 　　　　年　　　月　　　日
核准单位意见：   申报单位(章)： 核准人： 　　　　年　　　月　　　日
备案单位意见：   备案单位(章)： 备案人： 　　　　年　　　月　　　日

注:检测方案备案表一式____份,项目法人存____份,备案单位存____份,检测单位存____份。

C.10 参建单位质量管理体系检查表文件参考格式

勘察/设计单位现场服务体系检查表

勘察/设计单位：

检查项目	检查内容	检查情况
组织机构	勘察/设计资质	资质等级：　　　　　　资质证书编号： □符合要求　　　　　□不符合要求
	现场设代机构（设代/地代）	□已成立（明确）　　　□未成立（未明确）
设代/地代人员	人员情况	项目负责人： 现场勘察/设计代表是否明确：□明确　　　□未明确
	人员数量及专业	共＿＿＿人，其中高级＿＿＿人，中级＿＿＿人，初级＿＿＿人
		专业情况：＿＿＿＿专业＿＿＿人，＿＿＿＿专业＿＿＿人， ＿＿＿＿专业＿＿＿人
		□满足需要　□基本满足需要　□不满足需要　□未配置
服务制度	设计文件、图纸签发制度是否完善	□完善　　　　　　□不完善　　　　　　□无
	单项设计技术交底制度是否完善	□完善　　　　　　□不完善　　　　　　□无
	现场设计通知、设计变更的审核及签发制度是否完善	□完善　　　　　　□不完善　　　　　　□无
被检查单位： 负责人： 项目法人（或代建单位）检查意见： 　　　　　　　　　　　　　　　　　　　　　检查人： 　　　　　　　　　　　　　　　　　　　　　　　年　月　日		

注：检查单位可结合工程实际情况和工作需要，对本表进行适当增加或调减。

监理单位质量控制体系检查表

监理单位：

检查项目	检查内容	检查情况
组织机构	监理资质	资质等级： 资质证书编号： □符合要求　　　　□不符合要求
	监理机构设置	监理机构成立文件：
		机构组成情况：
		是否按投标文件承诺组建：□按投标文件承诺组建 □未按投标文件承诺组建
	监理机构人员	监理机构人员数量：共＿＿＿人，其中监理工程师＿＿＿人，监理员＿＿＿人，监理工作人员＿＿＿人
		专业情况：＿＿＿＿专业＿＿＿人，＿＿＿＿专业＿＿＿人，＿＿＿＿专业＿＿＿人
		是否满足工作要求：□满足　□基本满足　□不满足
	监理机构人员变更	监理工程师变更＿＿＿＿人，监理员变更＿＿＿＿人
		□符合规定　　　　□不符合规定
	总监理工程师	□未变更　　□变更符合规定　　□变更不符合规定
监理检测	检测设备进场情况	主要检测设备：
		是否满足监理工作需要：□满足　□基本满足　□不满足
	进场检测设备检定情况	主要检测设备数量＿＿＿＿，其中检定设备数量＿＿＿＿，未检定设备数量＿＿＿＿ □符合规定　　　　□不符合规定
	检测人员持证上岗情况	持证人员数量＿＿＿＿人 □满足　　　　□不满足

续表

检查项目	检查内容	检查情况			
质量控制	监理规划	□满足要求	□基本满足要求	□不满足要求	□未编制
	监理实施细则	□满足要求	□基本满足要求	□不满足要求	□未编制
	岗位责任制建立情况	□完善	□基本完善	□不完善	□未建立
	质量控制制度	□完善	□基本完善	□不完善	□未建立
	监理规范表格使用情况	□符合要求	□基本符合要求	□不符合要求	
质量控制	监理日记	□完整	□不完整	□无记录	
	监理日志	□完整	□不完整	□无记录	
	会议纪要	□符合要求	□基本符合要求	□不符合要求	
	对施工单位质量保证体系检查情况	□检查	□未检查		
	对设备制造单位质量保证体系检查情况	□检查	□未检查		

被检查单位：

负责人：

项目法人（或代建单位）检查意见：

检查人：

年　　月　　日

注：检查单位可结合工程实际情况和工作需要，对本表进行适当增加或调减。

施工单位质量保证体系检查表

施工单位：

检查项目	检查内容	检查情况
组织机构	施工资质	资质等级：　　　　　　　资质证书编号： □符合要求　　　　　　□不符合要求
组织机构	项目部组建	项目部成立文件： 内设部门名称： 共设＿＿＿个部门，内设部门名称： 独立质检部门：　　□有　　□无
施工人员	主要管理人员到岗	共＿＿＿人，其中，工程师以上＿＿＿人，助理工程师＿＿＿人 人员是否满足工作需要：□满足　　□不满足
施工人员	项目经理	□未变更　□变更符合规定　□变更不符合规定
施工人员	技术负责人	□未变更　□变更符合规定　□变更不符合规定
施工人员	质检机构负责人	□未变更　□变更符合规定　□变更不符合规定
施工人员	质检人员	到岗＿＿＿人，持质检证＿＿＿人 □全部持证　□部分持证　□无持证人员
施工人员	特种作业人员	到岗＿＿＿人，持证＿＿＿人 人员情况是否满足工作需要：□满足　　□不满足
工地试验室 / 有工地试验室	仪器设备进场情况	主要仪器设备： 是否满足施工实验需要：□满足　　　□基本满足 　　　　　　　　　　　　□不满足
工地试验室 / 有工地试验室	进场仪器检定情况	主要仪器设备数量＿＿＿，其中检定仪器设备数量＿＿＿，未检定仪器设备数量＿＿＿ 进场仪器是否符合规定：□符合规定　　□不符合规定
工地试验室 / 有工地试验室	检测人员	共＿＿＿人，持证人员：＿＿＿人，其中，量测类＿＿＿人，岩土类＿＿＿人，混凝土类＿＿＿人，机电类＿＿＿人，金属结构类＿＿＿人 专业类别是否满足要求：□满足要求　　□基本满足要求　□不满足要求
工地试验室	无工地试验室是否委托第三方检测	□委托第三方检测　　　　□没有委托第三方检测

续表

检查项目	检查内容	检查情况
机械设备	机械设备进场情况	进场施工设备的数量、规格、性能是否满足施工合同的要求：□满足　　□基本满足　　□不满足
	机械报验情况	□报验　　□部分报验　　□未报验
质量保证规章制度	岗位责任制情况	共_____个，包括_____
		□完善　　□基本完善　　□不完善
	制度建立情况	共_____个，包括_____
		□完善　　□基本完善　　□不完善
	采用的规程、规范、质量标准情况	□有效　　□部分无效　　□未列
	"三检制"制定情况	□按规定制定　　□未按规定制定　　□未制定
	施工技术方案申报情况	□已申报　　　　□未申报
	技术工人技术交底进行情况	□按要求进行　　□未按要求进行

被检查单位：

负责人：

项目法人（或代建单位）检查意见：

检查人：

年　　月　　日

注：检查单位可结合工程实际情况和工作需要，对本表进行适当增加或调减。

检测单位质量保证体系检查表

检测单位：

检查项目	检查内容	检查情况
组织机构	检测资质	资质等级：　　　　　资质证书编号：
		资质类别：□岩土工程　　□混凝土工程　　□金属结构　　　　□机械电气　　□量测
		是否满足要求：□满足　　□不满足
	检测项目组织机构	成立文件：
		试验室负责人、技术负责人、质量负责人是否明确：□明确　　　　□未明确
试验室人员	人员情况	共＿＿＿人，持证＿＿＿人
		岩土工程类＿＿＿人，混凝土工程类＿＿＿人，金属结构类＿＿＿人，测量类＿＿＿人，机械电气类＿＿＿人
		是否满足要求：□满足要求　　□基本满足要求　　　　□不满足要求
	试验室负责人	□符合规定　　　□不符合规定
	技术负责人	职称：
		□符合规定　　　□不符合规定
	质量负责人	职称：
		□符合规定　　　□不符合规定
现场设备仪器	设备仪器	主要检测设备（附一览表，注明仪器名称、编号、型号、测量范围、准确度等级、不确定度、量值溯源）
		否满足检测工作需要：□满足　　　□基本满足　　　　□不满足
	设备仪器检定情况	主要检测设备数量＿＿＿，其中检定设备数量＿＿＿，未检定设备数量＿＿＿
		是否符合规定：□符合规定　　　□不符合规定
	检测参数	授权检测参数共＿＿＿个，其中岩土工程类＿＿＿个，混凝土工程类＿＿＿个，金属结构类＿＿＿个，机械电气类＿＿＿个，量测类＿＿＿个
		未授权检测参数＿＿＿＿个

续表

检查项目	检查内容	检查情况		
试验室设施和环境	设施场地是否满足检验工作的正常运行	□满足	□基本满足	□不满足
	环境条件是否按规定进行监测控制	□按规定	□不按规定	
	内务和安全管理是否制定内务和安全管理措施	□制定	□未制定	
质量保证制度	是否制定维护制度	□制定	□未制定	
	仪器设备状态标识	□规范	□不规范	
	是否建立仪器设备档案	□建立	□未建立	
	仪器设备的检定是否制定校验计划	□制定	□未制定	
	质量内控制度建立质量手册、程序文件、作业指导书等制定是否完善	□完善	□基本完善	□不完善

被检查单位：

负责人：

项目法人（或代建单位）检查意见：

检查人：

年　　月　　日

注：检查单位可结合工程实际情况和工作需要，对本表进行适当增加或调减。

C.11 参建单位质量管理责任书文件参考格式

_____工程质量管理责任书

　　甲方:×××

　　乙方:×××

　　一、(主)合同签订过程、乙方承包内容

　　1.

　　2.

　　......

　　二、甲方质量管理责任

　　1.

　　2.

　　......

　　三、乙方质量管理责任

　　1.公司、项目部、项目人员质量管理责任

　　2.质量目标及分解(根据合同约定内容)

　　3.质量事故控制目标

　　四、奖惩条款

　　1.

　　2.

　　......

　　甲方(公章):　　　　　　　　　　乙方(公章):

　　法定代表人(或委托人):　　　　　　法定代表人(或委托人):

　　　　　　　　　　　　　　　　　　　　　　年　　月　　日

C.12 见证取样、送样记录单文件参考格式

见证取样、送样记录单

工程名称		取样单位	
委托试验单位		取样、送样日期	
样品名称		样品数量	
产地（生产厂家）		代表数量	
取样地点		见证单位	
检验内容			
备注			
取样人		取样见证人	
送样人		送样见证人	

_____第三方检测见证取样记录单

工程名称		第三方检测单位	
样品名称		样品数量	
产地(生产厂家)		取样日期	
取样地点		取样人	
检验内容			
备注			
项目法人见证人		监理单位见证人	
施工单位见证人		设备制造厂家见证人	

C.13 参建单位质量管理体系运行检查表文件参考格式

勘察/设计单位现场服务体系运行检查表

勘察/设计单位：

序号	检查项目	检查方法	检查情况
1	设计文件深度	查看施工图设计审查记录及相关资料	
2	设计技术交底情况	查看设计交底记录等资料	
3	提供设计图纸及服务情况	查看正式施工图设计文件、设计日记等相关资料	
4	强制性标准贯彻执行情况	查阅设计文件及涉及的强制性条文检查记录等	
5	设计变更、现场设计问题处理是否及时	查看有关资料、询问相关人员	
6	参加重要隐蔽（关键部位）单元工程联合检查验收、分部工程及单位工程验收等情况	查阅重要隐蔽（关键部位）单元工程质量等级签证表、分部工程及单位工程验收鉴定书等	
7	检查中发现的其他情况		

被检查单位：

负责人：

项目法人（或代建单位）检查意见：

检查人：

年　月　日

注：检查单位可结合工程实际情况和工作需要，对本表进行适当增加或调减。

监理单位质量控制体系运行检查表

监理单位：

序号	检查项目	检查方法	检查情况
1	总监理工程师和监理人员出勤情况	对照合同文件查看考勤表、检查人员到岗情况和旁站情况	
2	监理规划和监理实施细则落实情况	查看监理规划、监理细则及落实情况记录	
3	主要原材料、中间产品见证取样、进场设备验收情况	查验见证取样记录及进场设备验收记录等	
4	监理平行检验、跟踪检测开展情况	查阅监理平行检测记录、跟踪检测记录、检测报告等	
5	强制性标准贯彻执行情况	查阅强制性条件执行情况记录资料	
6	监理日志、月报、有关文件编制情况	查阅监理日志、监理月报等资料	
7	监理旁站、监理巡视情况	查阅监理旁站记录、监理巡视记录等	
8	对质量控制情况	查阅监理抽检、单元工程、分部工程、单位工程质量复核、评定、验收资料等	
9	监理会议情况	查阅监理例会会议纪要等资料	
10	对施工单位主要人员管理情况	查阅对施工单位管理人员考勤检查有关资料	
11	施工质量缺陷处理	查阅施工质量缺陷备案表等相关资料	
12	检查中发现的其他情况		

被检查单位：

负责人：

项目法人（或代建单位）检查意见：

检查人：

年　　月　　日

注:检查单位可结合工程实际情况和工作需要,对本表进行适当增加或调减。

施工单位质量保证体系运行检查表

施工单位：

序号	检查项目	检查方法	检查情况
1	主要管理人员出勤情况	对照投标文件查看考勤表、会议记录等	
2	质量管理制度落实情况	检查施工质量检验、质量事故报告、技术交底、施工组织方案审批等制度落实情况	
3	质量岗位责任制的落实情况	检查质量管理岗位人员履职情况	
4	关键环节施工参数	查阅混凝土配合比、土方碾压试验、灌浆试验等关键部位施工工艺参数等	
5	强制性标准贯彻执行情况	查阅施工组织设计、强制性标准执行情况记录等有关资料	
6	对涉及结构安全的试块、试件及材料的取样送检情况	检查检测报告,对工程实体质量进行现场抽查	
7	原材料、半成品、构配件、设备的进场检验及报验情况	查看原材料的合格证和进场检验报告等资料	
8	工序、单元工程检验、自评和报验情况	检查质检员持证情况、查验工程质量三检和评定资料	
9	重要隐蔽(关键部位)单元工程联合检查验收情况	查验验收资料和影像资料	
10	按设计图纸施工情况	对照施工图及工程隐蔽验收资料检查工程实体	
11	施工期观测资料的收集、整理和分析情况	查阅有关资料	
12	检查中发现的其他情况		

被检查单位：

负责人：

项目法人(或代建单位)检查意见：

检查人：

年　　月　　日

注:检查单位可结合工程实际情况和工作需要,对本表进行适当增加或调减。

质量检测单位质量保证体系运行检查表

检测单位：

序号	检查项目	检查方法	检查情况
1	在资质等级许可的范围内承担检测业务	核查资质证书	
2	转包、违规分包检测业务	查验从业人员信息	
3	工地试验室设立情况，施工计量器具检定或率定情况，试验员持证上岗情况	检查试验室设备检定和试验员岗位证书	
4	有关检测标准和规定执行情况	查验执行相关标准情况	
5	及时提交检测报告	核查报告与施工进度的时效性	
6	及时报告影响工程安全及正常运行的检测结果	检查台账	
7	建立检测结果不合格项目台账	核对检测报告和台账	
8	检测单位和相关检测人员在检测报告上签字印章	检查检测报告	
9	检查中发现的其他情况		

被检查单位：

负责人：

项目法人（或代建单位）检查意见：

检查人：

年　　月　　日

注：检查单位可结合工程实际情况和工作需要，对本表进行适当增加或调减。

附录 D　安全生产管理附件

D.1　安全生产领导小组文件参考格式

×××文件

×× 〔20××〕×× 号

关于成立×××安全生产领导小组的通知

各部门、各有关单位：

为加强×××工程安全生产管理,提高项目管理水平,实现安全生产目标,经研究,决定成立×××工程安全生产领导小组。现将领导小组成员及其职责明确如下:

一、安全生产领导小组成员

组　长:×××　　　项目法人法定代表人

副组长:×××　　　项目法人分管安全负责人

　　　　×××　　　项目法人技术负责人

　　　　×××　　　代建机构负责人

成　员:项目法人安全生产管理部门负责人,各参建单位现场机构负责人、安全责任人。

二、安全生产领导小组主要职责

(1)贯彻落实国家有关安全生产的法律、法规、规章、制度和标准,制定项目安全生产总体目标及年度目标、安全生产目标管理计划;

（2）组织制定项目安全生产管理制度并落实；

（3）组织编制保证安全生产措施、方案和进行蓄水安全鉴定等工作；

（4）协调解决项目安全生产工作中的重要问题等。

×××

年　月　日

抄送：×××综合部

年　月　日印发

D.2 项目法人与内设机构签订安全生产目标责任书文件参考格式

安全生产目标责任书

　　为进一步贯彻落实"安全第一,预防为主,综合治理"的方针,全面加强安全生产监督管理,杜绝重大事故和一般事故的发生,维护公司正常的生产、工作和生活秩序,确保公司和职工生命财产的安全,根据上级有关部门关于安全生产行政责任追究的相关规定,_____与_____签订_____年度安全生产目标责任书。

　　一、管理责任

　　各部门主要负责人是本部门安全工作的第一责任人,对本部门的安全工作全面负责,副职对分管范围内的安全负责。

　　二、任务目标

　　1.生产安全事故控制目标:不发生重伤以上事故;不发生消防安全事件;员工不发生重伤及以上交通事故;不发生单次直接经济损失 10 万元以上的设备损坏责任事故;不发生集体食物中毒事故;全年因工人身轻伤事故率低于 3‰。

　　2.安全生产投入目标:安全生产投入满足员工安全生产、生活需要。

　　3.安全生产教育培训目标:严格执行三级安全教育,遵守安全生产法律法规,了解安全生产技术知识,掌握本行业安全生产操作规程。

　　4.生产安全事故隐患排查治理目标:安全隐患排查治理制度的建立率达到 100%;隐患排查率达到 100%;隐患的整改监控率达到 100%。

　　5.重大危险源监控目标:重大危险源监控达到 100%。

　　6.应急管理目标:安全事故事件上报率 100%。

　　7.文明施工管理目标:_____

　　8.人员、机械、设备、交通、消防、环境和职业健康等方面的安全管理控制目标:_____

三、考核奖惩

根据年初制定的工作目标,年终由_____组织安全生产考核组对安全生产目标进行全面考核,对完成工作目标的部门,公司将给予以下表彰奖励：

1.

2.

……

对未能认真履行职责、未能完成全年工作目标的部门,将给予以下惩罚处理：

1.

2.

……

四、本责任书一式三份,公司和责任部门各执一份,存档一份。

单位负责人：　　　　　　　　　责 任 部 门：

分管领导：　　　　　　　　　　部门负责人：

年　　　月　　　日

D.3 内设机构部门负责人与员工签订安全生产目标责任书文件参考格式

安全生产目标责任书

为进一步贯彻落实"安全第一,预防为主,综合治理"的方针,全面加强安全生产监督管理,杜绝重大事故和一般事故的发生,维护公司正常的生产、工作和生活秩序,确保公司和职工生命财产的安全,根据上级有关部门关于安全生产行政责任追究的相关规定,_____与_____签订_____年度安全生产目标责任书。

一、管理责任

各部门员工对岗位职责范围内的安全工作负直接管理责任。

二、任务目标

1.生产安全事故控制目标:不发生重伤以上事故;不发生消防安全事件;不发生重伤及以上交通事故;不发生单次直接经济损失10万元以上的设备损坏责任事故;不发生食物中毒事故;全年因工不发生人身轻伤事故。

2.安全生产教育培训目标:接受三级安全教育,遵守安全生产法律法规,了解安全生产技术知识,掌握本行业安全生产操作规程,服从管理,正确佩戴和使用劳动防护用品。

3.生产安全事故隐患排查治理目标:开展正常的安全检查工作;隐患排查率达到100%;隐患的整改监控率达到100%。

4.重大危险源监控目标:重大危险源监控达到100%。

5.应急管理目标:安全事故事件上报率100%。

6.文明施工管理目标:_____

7.人员、机械、设备、交通、消防、环境和职业健康等方面的安全管理控制目标:_____

三、考核奖惩

根据年初制定的工作目标,年终由_____组织安全生产考核组对安全生产目标进行全面考核，对完成工作目标的员工，部门将给予以下表彰奖励：

　　1.

　　2.

　　……

　　对未能认真履行职责、未能完成全年工作目标的员工，将给予以下惩罚

处理：

　　1.

　　2.

　　……

　　四、本责任书一式三份，部门和员工各执一份，存档一份。

　　部门负责人：　　　　　　　　责　任　部　门：

　　员　　　工：　　　　　　　　责　任　人：

　　　　　　　　　　　　　　　　　　年　　月　　日

D.4　参建单位安全生产责任书文件参考格式

安全生产目标责任书

为进一步贯彻落实"安全第一,预防为主,综合治理"的方针,全面加强安全生产监督管理,杜绝重大事故和一般事故的发生,维护×××工程项目正常的建设秩序,确保×××工程建设过程中生命财产的安全,根据上级有关部门关于安全生产行政责任追究的相关规定,_____与_____签订____年度安全生产目标责任书。

一、管理责任

各参建单位主要负责人是本单位安全工作的第一责任人,对单位的安全工作全面负责。

二、任务目标

1.生产安全事故控制目标:不发生重伤以上事故;不发生消防安全事件;员工不发生重伤及以上交通事故;不发生单次直接经济损失 10 万元以上的设备损坏责任事故;不发生集体食物中毒事故;全年因工人身轻伤事故率低于 3‰。

2.安全生产投入目标:安全生产投入满足安全生产、生活需要。

3.安全生产教育培训目标:严格执行三级安全教育,遵守安全生产法律法规,了解安全生产技术知识,掌握本行业安全生产操作规程。

4.生产安全事故隐患排查治理目标:安全隐患排查治理制度的建立率达到 100%;隐患排查率达到 100%;隐患的整改监控率达到 100%。

5.重大危险源监控目标:重大危险源监控达到 100%。

6.应急管理目标:安全事故事件上报率 100%。

7.文明施工管理目标:_____

8.人员、机械、设备、交通、消防、环境和职业健康等方面的安全管理控制目标:_____

三、考核奖惩

根据年初制定的工作目标，年终由_____组织安全生产考核组对安全生产目标进行全面考核，对完成工作目标的参建单位，_____将给予以下表彰奖励：

1.

2.

……

对未能认真履行职责、未能完成全年工作目标的参建单位，将给予以下惩罚处理：

1.

2.

……

四、本责任书一式三份，项目法人和参建单位各执一份，存档一份。

项目法人单位（章）　　　　　　　　参建单位（章）

法定代表人：　　　　　　　　　　　法定代表人：

　　　　　　　　　　　　　　　　　　　年　　　月　　　日

D.5　安全度汛目标责任书文件参考格式

＿＿＿＿＿年安全度汛目标责任书

为确保＿＿＿＿＿＿＿项目安全度汛,明确责任,加强管理,＿＿＿＿＿＿与
＿＿＿＿＿＿签订安全度汛目标责任书,内容如下:

一、安全防汛工作目标

1.汛期确保本工程各种设备、设施安全运行。

2.汛期不发生因汛情造成大面积停电事故。

3.汛期确保防汛重点地段防护设施安全运行。

4.汛期不发生淹溺、触电、车辆伤害和其他伤害等责任事故。

5.汛期确保抢险防汛物资及时供应。

6.汛期确保通讯和交通工具畅通完好。

7.汛期确保抢险人员及时到位。

8.汛期及时控制灾情发展、不漫延,把损失减少到最低限度。

9.汛期确保安全生产稳定,不发生影响社会稳定的事件,确保工程安全
度汛。

二、职责

1.认真贯彻执行《水法》《防洪法》《防汛条例》等有关法律法规,提高全体
职工的防洪减灾意识。

2.严格执行防汛工作领导调度,对汛前准备、汛期抗洪抢险、汛后水毁工
程复修全过程负责,并层层落实防汛责任制。

3.认真做好汛前检查、教育、防汛物资储备及预案演练,切实做好汛前各
项准备工作,做到思想意识到位、防汛责任到位、组织措施到位、防汛物资到
位、预案落实到位。

4.加强对防洪的管理,做好日常维护保养工作,提高其防护性能,发现隐
患及时处理,保证防护设施齐全有效,保证工程安全度汛。

5.认真执行汛期值班制度，加强日常巡查，明确安全责任人，落实堤防预控管理。特别是汛期出现高水位、连降雨、暴雨或台风等特殊天气时，要加强重点区域巡查，及时、全面掌握雨情、水情、工情、灾情等信息，发现险情隐患时要立即向上级汇报。

6.成立防汛抢险队伍，一旦出现险情，快速响应，及时组织涉险人员撤离，进行涉险工程抢护，确保防御范围内河堤不决口、垮塌，尽量减少灾害损失。

三、要求

1.严格执行防洪度汛领导小组的命令，接受地方防汛指挥部检查指导，正确进行引、排、挡。认真学习防洪度汛预案，积极参加防洪演练，坚持统一指挥、统一部署、统一协调的原则，做到工区管理分级负责，密切配合，切实有力保障本工程汛期安全。

2.强化安全备汛，认真、仔细排查各工区安全度汛准备情况与重点部位防控情况，提早发现、及时整改并跟踪落实到位，不留一处隐患和漏洞。严厉打击破坏或损坏防洪物资及设备的现象，确保安全迎洪度汛。

项目法人（章）：　　　　　　　　责任单位（章）：

负责人：　　　　　　　　　　　　负责人：

年　月　日　　　　　　　　　　　年　月　日

D.6　安全生产管理体系检查表文件参考格式

勘察/设计单位安全生产检查表

勘察/设计单位：

序号	检查项目	检查内容要求与记录	检查意见
1	工程建设强制性标准	(1)相关强制性标准是否识别完整	
		(2)标准适用是否正确	
2	工程重点部位和环节防范生产安全事故指导意见	(1)工程重点部位是否明确	
		(2)工程建设关键环节是否明确	
		(3)指导意见是否明确	
		(4)指导是否及时、有效	
3	安全设计交底	(1)设计文件中是否注明施工安全要点	
		(2)设计交底内容是否包含施工安全设计交底内容	
3	"四新"(新材料、新设备、新工艺、新技术)及特殊结构防范生产安全事故措施建议	(1)工程"四新"是否明确	
		(2)特殊结构是否明确	
		(3)针对"四新"提出安全措施建议	
4	事故分析	(1)无设计原因造成的事故	
		(2)参与事故分析	
5	文件审签及标识	(1)是否有施工图纸单位证章	
		(2)是否有责任人签字	
		(3)是否有执业证章	

被检查单位：

负责人：

项目法人(或代建单位)检查意见：

检查人：

年　　月　　日

注:检查单位可结合工程实际情况和工作需要,对本表进行适当增加或调减。

监理单位安全生产检查表

监理单位：

序号	检查项目	检查内容要求与记录	检查意见
1	工程建设强制性标准	(1)相关强制性标准是否识别完整	
		(2)标准适用是否正确	
		(3)发现不符合强制性标准时是否有记录	
2	审查施工组织设计的安全措施	(1)审查施工组织设计	
		(2)审查专项施工方案	
		(3)相关审查意见是否正确有效	
		(4)安全生产监理情况	
3	安全生产责任制	(1)相关人员职责和权利、义务是否明确	
		(2)检查施工单位安全生产责任制设立情况	
4	安全生产事故隐患	(1)管控责任是否落实	
		(2)是否及时发现并报告	
		(3)是否及时整改	
		(4)是否进行复查整改验收	
5	监理例会制度	(1)是否按期召开例会	
		(2)会议记录是否完整	
		(3)会议要求是否落实	
6	生产安全事故报告制度等执行情况	(1)报告制度	
		(2)是否及时报告生产安全事故	
		(3)对处理措施进行检查监督	
7	监理大纲、监理规划、监理细则中有关安全生产措施执行情况等	(1)监理措施完善	
		(2)执行情况如何	
8	执业资格	(1)监理人员执业资格是否符合规定	
		(2)是否配备专职安全监理人员	

被检查单位：

负责人：

项目法人（或代建单位）检查意见：

检查人：
年　月　日

注：检查单位可结合工程实际情况和工作需要，对本表进行适当增加或调减。

施工单位安全生产检查表

施工单位：

序号	检查项目	检查内容	检查情况
1	资质等级	(1)单位资质	
		(2)项目经理资质	
		(3)分包单位资质	
		(4)分包项目经理资质	
2	安全生产许可证	(1)本单位许可证	
		(2)分包单位许可证	
3	安全管理机构设立和人员配备	(1)安全管理机构名称	
		(2)安全管理人员姓名、证书	
4	安全生产责任制	(1)是否建立安全生产责任制,签订安全目标责任书	
		(2)相关人员职责和权利、义务是否明确	
		(3)检查分包单位安全生产责任制(包括总包与分包的安全生产协议)设立情况	
5	安全生产培训	(1)制度是否明确并有效实施	
		(2)是否按规定组织新员工进行三级安全教育	
		(3)转岗、复工是否进行安全教育培训	
		(4)使用"四新"(新技术、新材料、新设备、新工艺)是否进行安全教育培训	
		(5)安全教育学时是否符合要求(项目负责人每年安全教育不得少于 30 学时;专职安全员每年安全教育不得少于 40 学时;其他安全管理人员每年安全教育不得少于 20 学时。)	
		(6)培训档案是否齐全	
6	安全生产会议制度	(1)制度是否明确	
		(2)安全例会执行是否有效	
		(3)会议记录是否完整	
7	定期安全生产检查制度	(1)制度是否明确	
		(2)检查制度执行是否有效	
		(3)发现问题整改验收情况	
		(4)记录是否完整	

续表

序号	检查项目	检查内容	检查情况
8	制定安全生产规章和安全生产操作规程	(1)安全生产管理制度是否明确、操作规程是否可操作	
		(2)制度是否齐全、执行是否有效	
9	"三类人员"安全生产考核合格证	(1)施工企业主要负责人姓名、资质是否符合要求	
		(2)项目负责人姓名、资质是否符合要求	
		(3)专职安全生产管理人员姓名、资质是否符合要求	
10	特种作业人员资格证	(1)所有特种作业人员是否有资格证	
		(2)资格证是否在有效期内	
11	安全施工措施费	(1)安全生产措施费用使用计划是否符合要求	
		(2)有效使用费用是否不低于报价	
		(3)安全施工措施费是否满足需要	
12	工程度汛	(1)是否编制度汛方案、超标准行洪预案	
		(2)度汛组织是否健全、度汛措施落实情况	
		(3)是否组织防汛抢险演练	
13	生产安全事故应急预案管理	(1)预案是否完整、与其他相关预案衔接是否合理	
		(2)是否开展安全事故应急演练	
		(3)应急设备器材是否齐全	
14	危险源辨识与管控	(1)是否开展危险源辨识与风险评价	
		(2)落实危险源管控措施情况	
15	事故隐患排查	(1)是否制定除患排查制度,是否进行定期排查	
		(2)事故除患是否及时治理、上报	
16	事故报告	(1)是否制定报告制度	
		(2)是否及时报告事故	
17	分包合同管理	(1)安全生产权利、义务是否明确	
		(2)安全生产管理是否及时、有效	
18	专项施工方案	(1)危险性较大的工程明确	
		(2)是否制定专项施工方案	
		(3)是否制定施工现场临时用电方案	
		(4)审核手续是否完备	
		(5)是否有专家论证	

序号	检查项目	检查内容	检查情况
19	施工前安全技术交底	(1)项目技术人员是否向施工作业班组交底	
		(2)施工作业班组是否向作业人员交底	
		(3)签字手续是否完整	
20	专项防护措施	(1)是否毗邻建筑物、地下管线	
		(2)对粉尘、废气、废水、固体废物、噪声、振动等是否有防护措施	
		(3)施工照明情况	
21	安全防护用具、机械设备、机具	(1)是否有生产许可证	
		(2)是否有产品合格证	
		(3)进场前是否查验	
		(4)制度是否明确并有专人管理	
		(5)是否定期检查、维修和保养	
		(6)使用有效期是否明确	
		(7)资料档案是否齐全	
22	特种设备	(1)施工起重设备验收情况	
		(2)整体提升脚手架验收情况	
		(3)自升式模板验收情况	
		(4)租赁设备使用前验收情况	
		(5)特种设备使用有效期情况	
		(6)验收合格证标志置放情况	
		(7)特种设备是否有合格证或安全检验合格标志	
		(8)是否设立特种设备维修保养制度,特种设备的维修、保养、定期检测落实情况	
23	危险作业人员	(1)危险作业是否明确	
		(2)是否办理意外伤害保险	
		(3)保险有效期是否明确	

被检查单位:

负责人:

项目法人(或代建单位)检查意见:

检查人:

年　　月　　日

D.7 安全生产运行情况检查表文件参考格式

施工现场安全生产运行检查表

施工单位：

序号	检查项目	检查内容	检查情况
1	基坑开挖及支护	(1)基坑开挖是否按设计边坡开挖,是否满足稳定性要求	
		(2)深度超过 2 m 的基坑施工是否有临边防护措施	
		(3)基坑周过 1 m 范围内不得随意堆物、停放设备	
		(4)人员上下是否有专用通道	
		(5)垂直、交叉作业上下是否有隔离防护措施	
		(6)是否按规定进行基坑支护变形监测,支护设施已产生局部变形是否及时采取措施调整	
2	脚手架	(1)高度超过 25 m 和特殊部位的脚手架是否进行专门设计,是否进行技术交底	
		(2)脚手架基础是否牢固,钢管脚手架立杆是否垂直稳放在金属底座或垫木上	
		(3)架管、扣件、安全网等材料搭设是否符合要求,扣件是否有合格证明	
		(4)平台脚手板是否满铺、绑牢,搭接长度是否少于 20 cm	
		(5)脚手架搭设完成是否有验收记录(含脚手架、卸料平台、安全网、防护棚、马道、模板等)	
3	爆破、拆除作业	(1)作业前是否进行爆破、拆除设计	
		(2)爆破单和作业人员是否具备相应资质条件和证书	
		(3)是否建立爆破、拆除作业安全管理制度	
		(4)作业时是否设有安全警示标志,是否设专人监护	

序号	检查项目	检查内容	检查情况
4	施工用电	(1)是否有施工用电方案,配电箱开关箱是否符合三级配电两级保护	
		(2)施工用电系统是否实行三相五线制,设备专用箱是否做到"一机、一闸、一漏、一箱",严禁一闸多机	
		(3)配电箱、开关箱是否有防尘、防雨设施	
		(4)潮湿作业场所照明安全电压不得高于24 V,使用行灯电压不得高于36 V,电源供电不得使用其他金属丝代替熔丝	
		(5)配电线路布设是否符合要求,电线有无老化、破皮	
		(6)是否有备用的"禁止合闸,有人工作"标志牌	
		(7)电工作业是否佩戴绝缘防护用品、持证上岗	
5	起重吊装作业	(1)达到一定规模或大件吊装、运输是否有专项措施方案	
		(2)起重机是否配有荷载、变幅等指示装置和荷载、力矩、高度、行程等限位、限制及连锁装置	
		(3)是否制定安装拆卸方案,安装完毕是否有验收资料或责任人签字	
		(4)是否有违规起吊、恶劣天气作业等情况	
		(5)是否有设备运行维护保养记录	
		(6)起重吊装作业是否设警戒标志,是否设专人警戒和指挥	
6	安全警示与防护	(1)进入生产经营现场是否按规定正确佩戴安全帽、穿防护服装	
		(2)施工现场危险部位是否设置明显的安全警示标志	
		(3)施工现场井、洞、坑、沟、口处是否加盖板或围栏等防护措施	

序号	检查项目	检查内容	检查情况
7	高处作业	(1)三级以上高处作业时,是否制定专项安全技术,是否对作业人员进行技术交底	
		(2)高处临边处是否设置安全网,挂设是否牢固	
		(3)高处作业人员是否系安全带,下方是否设置警戒线或隔离防护棚	
		(4)高处拆模时,是否有专人指挥,是否标出危险区,严禁操作人员站在拆除的模板上	
		(5)在带电体附近进行高处作业时,是否满足最小安全距离要求	
8	焊接作业	(1)氧气、乙炔气瓶储存、使用是否符合安全规定(气瓶距火源不少于 10 m,瓶体直立放置,有固定设备,瓶体间保持安全距离)	
		(2)作业人员进入岗位是否按规定穿戴劳动防护用品	
		(3)工作面是否设置挡板或围屏,在密闭或半密闭的空间作业,是否有 2 个以上通风口	
9	安全设备	是否有维护、保养、检测记录,安全设备是否正常运转	
10	消防安全管理	(1)是否制定消防安全制度、消防安全操作规程	
		(2)是否设立防火安全责任制、确定消防安全责任人	
		(3)现场防火安全距离是否符合要求	
		(4)是否建立防火档案,是否确定重点防火部位,是否设置防火标志	
		(5)消防通道是否畅通,消防水源是否有保证	
		(6)消防器材是否定期检查,是否在有效期时间内	
		(7)消防标志是否完整	
		(8)是否定期组织消防培训和演练	

序号	检查项目	检查内容	检查情况
11	施工管理措施	(1)对产生粉尘、噪声、有毒、有害物质及可能缺氧的作业场所,是否制定和落实保护措施	
		(2)是否人、车分流,道路畅通,设置限速标志;场内运输机动车辆是否超速、超载行驶或人货混载	
		(3)在建工程是否住人	
		(4)集体宿舍是否符合要求,安全距离是否满足要求	
12	危险源管控与事故除患	(1)危险源管控措施是否到位	
		(2)检查时发现的重大事故隐患	
13	文明施工	(1)建筑材料、构件、料具是否按总平面布局堆放,料堆是否挂名称、品种、规格等标牌,堆放是否整齐,是否做到工完场地清	
		(2)易燃易爆物品是否分类存放	
		(3)施工现场是否能够明确区分工人住宿区、材料堆放区、材料加工区,施工现场、材料堆放加工是否整齐有序	

被检查单位:

负责人:

项目法人(或代建单位)检查意见:

检查人:

年　　月　　日

山东省水利工程规范化建设工作指南［项目法人（代建）分册］

附录 E 进度管理附件

E.1 工程进度统计台账文件参考格式

进度统计台账

统计时间：

序号	主要工程量	单位	工程量	当月完成工程量	累计完成工程量	占总工程量百分比	进度（提前/正常/滞后）
一	建筑工程						
1	土方开挖						
2	土方回填						
3	混凝土及钢筋混凝土						
4	钢筋的制作与安装						
二	机电设备及安装工程						
三	金属结构设备及安装工程						

统计：　　　　　　　　　　　　　审核：

· 158 ·

E.2 工程标段进度统计表文件参考格式

标段：＿＿＿＿

＿＿＿＿工程＿＿＿＿标段进度统计表

承包人：

统计时间：

序号	工程项目主要内容	单位	合同工程量	当月完成工程量	累计完成工程量	占总工程量百比分	进度（提前/正常/滞后）
一	建筑工程						
1	土方开挖						
2	土方回填						
3	混凝土及钢筋混凝土						
4	钢筋的制作与安装						
二	机电设备及安装工程						
三	金属结构设备及安装工程						

附录 F 档案管理附件

F.1 水利基本建设档案管理登记表文件参考格式

<h2 style="text-align:center">水利基本建设档案管理登记表</h2>

项目名称					
项目法人					
项目建设地址				邮编	
项目主管部门					
批准概算总投资	万元	计划工期	年 月— 年 月		
主要单位工程名称					
现已完成单位或单项工程					
主要设计单位					
主要施工单位					
主要设备安装单位					
主要监理单位					
水利工程建设项目档案管理情况					
项目档案工作负责人			隶属部门		
通信地址及邮编			联系电话		
项目建档时间			专职档案人员数量		
库房面积/档案工作其他用房面积					
主要设施设备					
现有档案数量（正本）				卷（册）	
图纸张数				张	
项目档案日常监督指导的上级单位			年度指导次数		
项目法人（章） 年 月 日			项目主管单位（章） 年 月 日		

注:1.涉及国家重大水利工程建设项目的档案管理登记表,由项目主管单位报水利部。对未验收的国家重大水利工程建设项目,应每年年底前填报一次。

2.本表一式三份,一份报送水利部,另两份分别由项目法人、主管单位保存。

F.2　工程档案管理网络图

工程档案管理网络图如图 F.2 所示。

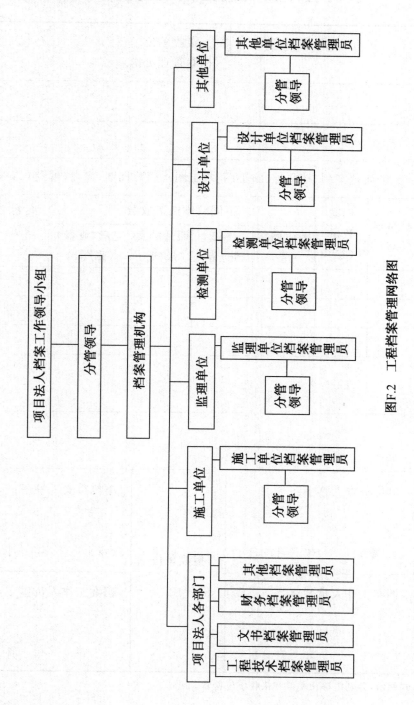

图F.2　工程档案管理网络图

F.3　工程档案交接单文件参考格式

水利工程建设项目档案交接单

移交单位 （部门）			接收单位 （档案管理机构）				
工程项目 名称							
档案编号							
载体类型	纸质档案（归档文件、施工图、竣工图）、照片档案、光盘（硬盘）、实物						

数量 套别	总盒数 （盒）	档案 数量 （卷）	不同载体档案数量				案卷 目录 （套）	卷内 目录 （套）
			纸质档案 （卷）	图纸 （张/卷）	照片档案 （张/册）	光盘（硬盘） （张/册）		
第1套								
第2套								

移交说明	
接收意见	

移交单位 （部门）	单位负责人签字： （章）　　年　月　日 档案工作人员签字： 年　月　日	接收单位	单位负责人签字： （章）　　年　月　日 档案工作人员签字： 年　月　日

注：本表一式两份，分别由移交单位和接收单位保管。

附录 G　验收管理附件

G.1　法人验收(工程质量验收)进度计划表文件参考格式

＿＿＿＿＿＿法人验收(工程质量验收)进度计划表

项目名称	合同工程		单位工程		分部工程	
	名称(编号)	计划验收时间	名称(编号)	计划验收时间	名称(编号)	计划验收时间

G.2 法人验收(工程质量验收)备案表文件参考格式

＿＿＿＿＿＿法人验收(工程质量验收)鉴定书备案表

工程项目名称			
单位工程名称			
分部工程名称			
项目法人		监理单位	
设计单位		施工单位	

＿＿＿＿＿＿＿工程质量监督站：

　　我单位已于＿＿＿＿年＿＿＿＿月＿＿日组织完成本＿＿＿＿＿＿＿＿验收,工程质量达到设计标准,档案资料＿＿＿＿＿＿＿＿,验收遗留问题＿＿＿＿＿＿＿＿＿,工程验收质量等级为＿＿＿＿＿＿＿＿＿,现申请备案。

项目法人(章)：

负责人：

年　　月　　日

备案资料目录：

备案意见	本＿＿＿＿＿＿工程验收质量结论为＿＿＿＿＿＿。依据《水利工程建设项目验收管理规定》《水利水电建设工程验收规程》,同意备案。 备案人(章)： 年　　月　　日

注:1.本表一式＿＿＿份,质量监督机构、项目法人各＿＿＿份。

　　2.备案资料在质量监督机构核备留存原件。

G.3 合同工程交接证书文件参考格式

合同工程交接证书

合同名称：_____

合同编号：_____

交付单位：_____

接收单位：_____

交接时间：_____

交接主持单位		项目法人	
代建单位（如有）		设计单位	
监理单位		施工单位	
主要设备制造单位（供应商）			
运行管理单位（如有）			
交接地点			
交接时间			

前言（包括交接依据、组织机构、交接过程）

一、工程概况

　　（一）合同工程名称

　　（二）合同工程主要建设内容

　　（三）合同工程建设过程

二、合同执行情况（包括合同管理、完成情况和完成的主要工程量等）

三、合同工程质量评定及验收情况

四、验收遗留问题及处理情况：

五、交接范围

六、尾工工程和完成计划（如有）

七、意见和建议

八、结论

九、保留意见

十、交接签字表

十一、附件（交接工程清单、资料目录、工程保修书等）

G.4　验收遗留问题处理记录文件参考格式

<h1 style="text-align:center">＿＿＿＿＿＿＿验收遗留问题处理记录</h1>

单位工程/ 分部工程名称		检查日期	
验收遗留问题			
处理措施			
处理情况/ 验收意见			
遗留问题验收单位				

施工单位	设计单位	监理单位	项目法人	运管单位
（签字、盖章）	（签字、盖章）	（签字、盖章）	（签字、盖章）	（签字、盖章）

注：如工程有代建单位，则验收单位加"代建单位"栏。

附录 H 财务管理附件

H.1 预算项目支出绩效自评表

(20_____年度)

单位：万元

项目名称				主管部门			
项目实施单位				联系电话			
项目预算执行情况（10分）		年初预算数	全年预算数（A）	全年执行数（B）	分值	执行率（B/A）	得分
	年度资金总额				10		
	当年财政拨款				—		
	上年结转资金				—		
	其他资金				—		
年度总体目标	年初预算目标			目标实际完成情况			
年度绩效指标	一级指标	二级指标	三级指标	年度指标值（A）	实际完成指标值（B）	分值	得分	偏差原因分析及改进措施
	产出指标（50分）	数量指标	指标1					
		质量指标	指标1					
		时效指标	指标1					
		成本指标	指标1					
	效益指标（30分）	经济效益指标	指标1					
		社会效益指标	指标1					

年度绩效指标	效益指标（30分）	生态效益指标	指标1				
		可持续影响指标	指标1				
	满意度指标（10分）	服务对象满意度指标	指标1				
总分							
总分在80分以下的项目未实现绩效目标的原因分析及拟采取的措施说明							

注:1.得分一档最高不能超过该指标分值上限。

2.定性指标根据指标完成情况分为:完成预期指标、部分完成预期指标并具有一定效果、未完成预期指标且效果较差。分别按照该指标对应分值区间100%～80%(含)、80%～60%(含)、60%～0(含)合理确定分值。

3.定量指标若为正向指标(即指标值为≥*),则得分计算方法应用全年指标值(B)/年度指标值(A),*该指标分值

4.请在"未完成原因分析"中说明偏离目标、不能完成目标的原因。

5.自评得分在80分以下的,要简要说明绩效目标未能实现的原因和下一步拟采取的具体措施。

H.2 支出绩效评价指标体系框架（参考）

一级指标	二级指标	三级指标	四级指标	指标说明	适用类型
产出	项目产出	实际完成情况	水利建设工程完成率	实际完成工程（数）量/计划完成工程（数）量×100%	水利工程建设类
			水利配套工程完成率	实际完成工程（数）量/计划完成工程（数）量×100%	
			水利其他工程完成率	实际完成工程（数）量/计划完成工程（数）量×100%	
		实际完成情况	配套设施改造内容完成情况	实际完成（数）量/计划完成（数）量×100%	配套与修缮改造类
			加固类项目内容完成情况	实际完成（数）量/计划完成（数）量×100%	
			修缮及改造内容完成情况	实际完成（数）量/计划完成（数）量×100%	
		实际完成情况	功能实现情况	实际功能实现（数）量/预期功能计划（数）量×100%	信息化建设与改造类
			软件和数据库改造完成情况	实际完成情况/计划完成情况×100%	
			通信服务完成情况	实际完成情况/计划完成情况×100%	
			监测站点（含移动）完成情况	实际完成（数）量/计划完成（数）量×100%	
			业务系统集成率	实际完成情况/计划完成情况×100%	
			电子政务平台建立情况	实际完成情况/计划完成情况×100%	

续表

一级指标	二级指标	三级指标	四级指标	指标说明	适用类型
产出	项目产出	实际完成情况	水利工程维护率	实际完成情况/计划完成情况×100%	水利工程运行与维护
			工程维护检查完成情况	实际完成情况/计划完成情况×100%	
			工程勘测完成次数	实际完成情况/计划完成情况×100%	
			正常运行完成情况	实际完成情况/计划完成情况×100%	
		实际完成情况	设备采购任务完成率（包括数量金额等）	实际完成情况/计划完成情况×100%	购置类
			采购设备安装、调试情况	实际完成情况/计划完成情况×100%	
		实际完成情况	培养人才数量	实际完成培养数量/计划培养数量×100%	人才队伍建设类
			引进（或外聘）人才数量	实际数量/计划数量×100%	
			人才培养次数	实际完成情况/计划完成情况×100%	
		实际完成情况	课题（规划）调研/研究完成情况	实际完成情况/计划完成情况×100%	课题及规划类
			课题（规划）资料归档情况	实际完成情况/计划完成情况×100%	
			课题（规划）验收完成情况	实际完成情况/计划完成情况×100%	
		实际完成情况	监测站建设情况	实际完成（数）量/计划完成（数）量×100%	监测类
			监测完成率	实际完成监测数/计划完成监测数×100%	
			监测覆盖面积	实际完成面积/计划完成面积×100%	
			加固措施实施数	实际完成情况/计划完成情况×100%	
			督导次数	实际完成情况/计划完成情况×100%	
			保障人员配置数	实际完成情况/计划完成情况×100%	

续表

一级指标	二级指标	三级指标	四级指标	指标说明	适用类型
产出	项目产出	实际完成情况	加固措施实施数	实际完成情况/计划完成情况×100%	监察类
			督导实施次数	实际完成情况/计划完成情况×100%	
			保障人员配置数	实际完成情况/计划完成情况×100%	
			人员培训任务完成率	人员培训实际数/计划数×100%	会议及培训类
		实际完成情况	会议、培训次数	对实际组织次数进行统计	
			会议、培训天数	对实际天数进行统计	
			会议、培训参加人数	对实际参加人数进行统计	
			宣传、活动开展次数	对实际开展次数进行统计	宣传及大型活动类
		实际完成情况	宣传、活动开展天数	对实际开展天数进行统计	
			宣传、活动参加人数	对实际参加人数进行统计	
			开展宣传、活动的地点数	对开展的宣传活动地点数进行统计	
			宣传、活动的相关报道完成率	对相关有效媒体的报道次数进行统计	
			项目实施前期准备工作的质量	前期准备工作是否满足实施中的需要	
		质量达标情况	工程达标率	检验合格工程数(量)/应检验工程数(量)×100%	水利工程建设类项目
			工程运行寿命指数	现状预期寿命/立项时预期寿命×100%	
			工程完好率	工作运行状态良好工程数(量)/总工程数(量)×100%	
			项目验收合格率	验收合格项目数/总工程数×100%	
			功能实现率	实际功能实现是否满足需求	信息化建设与改造类
		质量达标情况	性能提升情况	性能提升情况是否达到预期要求	
			系统质量、稳定性	系统的安全稳定运行情况	

续表

一级指标	二级指标	三级指标	四级指标	指标说明	适用类型
产出	项目产出	质量达标情况	设备性能情况	设备购置价格与性能情况	购置类
			设备安装调试结果	设备安装调试的运行情况	
			设备使用寿命指数	设备预期寿命/计划使用年限×100%	
			运转能力饱和率	设备运转能力是否满足需要，设备使用是否饱和	
		质量达标情况	勘测合格率	勘测合格数/勘测总数×100%	水利工程运行与维护类
			运行和维护的程序规范性	运行维护是否按照质量控制程序进行	
			工程运行故障次数	纵向、横向比较	
			水利工程维护率	维护数量/需维护工程总数×100%	
		质量达标情况	研究(调研、规划)内容结构合理性	设置不同层级，赋予相应分值进行评价	课题及规划类
			研究(调研、规划)报告的实用性	设置不同层级，赋予相应分值进行评价	
			研究(调研、规划)报告的先进性	设置不同层级，赋予相应分值进行评价	
			人才队伍的稳定性	人才队伍是否满足需要，流失率是否影响工作运行	人才队伍建设类
		质量达标情况	人才学历(或职称)结构	人才学历(职称)占比情况	
			培养人才考核合格率	考核合格数/培养数×100%	
			项目实施后人才能力的提高	问卷调查、电话调查、网络调查	
			引进(或外聘)人才与岗位需求符情况	引进(或外聘)人才是否能满足岗位工作需要	
			外聘人员工作完成率	实际完成工作量/计划完成工作量×100%	
			人才梯队建设是否合理	人才梯队占比是否符合工作需要	

续表

一级指标	二级指标	三级指标	四级指标	指标说明	适用类型
产出	项目产出	质量达标情况	培训人员获得相关技能考试证书的情况	获得证书人数/培训人数×100%	会议及培训类
			学员对相关知识、技能的掌握程度	相关测试通过数/学员数×100%	
			学员对培训中所学知识和技能的熟练程度	实际应用测试合格情况	
			培训合格（优秀）率	培训考试合格和优秀的比率	
			会议后跟踪服务质量	会议后跟踪服务问卷满意度	
			会议培训资料及相关档案管理情况	会议资料的完整性与档案归档及时性及档案管理情况	
			服务对象对宣传的相关知识、技能等的掌握程度	问卷调查、电话调查、网络调查	宣传及大型活动类
		质量达标情况	宣传、活动资料及相关档案管理的合理性	宣传资料的完整性与档案归档及时性及档案管理情况	
			宣传品质量	宣传品的使用寿命与材质质量	
			宣传、活动后期跟踪服务质量	后期服务问卷满意度	
		完成及时情况	项目进度控制目完成率	实际完成情况/计划完成情况×100%	全部项目类型
			项目整体进度实施的合理性	项目整体进度与计划进度的相符情况	
		成本控制情况	实际成本与工作内容的匹配程度	纵向、横向数据比较	
			产出成本控制措施的有效性	确保项目支出不超合理预算	
			设备性价比	设备购置价格与性能情况	

一级指标	二级指标	三级指标	四级指标	指标说明	适用类型
效果	项目效益	经济效益	水利工程建设与水资源利用产生的经济效益	水利工程与水资源利用产生的直接收入	全部项目类型
			控制和降低水域自然灾害所产生的损失	工程能够达到的防洪水平较以往提高情况	
			水力发电与供水收益	水力发电与供水收入情况	
			提高农业生产的间接经济效益	水利投入资金/覆盖区域农业收入×100%	
			降低水利工程运行成本效益	实际成本/计划运行成本×100%	
		社会效益	流域防洪保安预期效果	抵挡多少年一遇洪水的能力	全部项目类型
		社会效益	水资源调度能力	年度水资源调度能力	水利水务类
			供水保障率	实际供水数/需求供水数×100%	
			水务建设情况	年度水务建设投入情况	
		社会效益	解决供水人口数量	较上年度增长情况	水利水务类
			灌溉覆盖	有效灌溉面积覆盖情况	
			灌溉面积增长情况	新增灌溉面积	
			灌溉预期实现情况	是否可以达到预期标准	
			除涝预期实现情况	是否可以达到预期标准	
		社会效益	国际论文发表情况	发表篇数/计划发表数×100%	水利设计与科学研究类
			水利设计论文发表情况	实际篇数/计划发表数×100%	
			国家核心期刊论文发表情况	实际篇数/计划发表数×100%	
			成果获奖情况	实际数/计划数×100%	

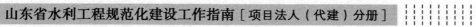

续表

一级指标	二级指标	三级指标	四级指标	指标说明	适用类型
		社会效益	标准制订、修订情况	实际数/计划数×100%	水利设计与科学研究类
			人才培养情况	实际数/计划数×100%	
			科技成果转化数	实际数/计划数×100%，或纵向、横向比较	
		社会效益	水利资源利用率	已利用水资源/可利用水资源×100%	资源利用类
			雨洪资源开发利用情况	实际数/计划数×100%	
		社会效益	水利突发事件报告及时率	及时报告数/突发事件数×100%	防汛抗旱类
			洪区应急预案体系完整性	洪区应急预案是否完整，是否满足应急需求	
		社会效益	洪区模拟演练次数	模拟演练次数是否能满足实际需求	
效果	项目效益		应急物品储备齐全率	应急物品储备数量/应储备数量×100%	
			突发事件处置的有效性	是否达到预期目标	
		社会效益	水域纳污率	是否达到预期目标	水保及生态保护类
			排污总量控制率	排污量/排污控制量×100%	
			入河排污口管理情况	实际排污数量/监控管理排污口数量×100%	
			水源保护、地下水开发管理情况	实际开采利用数/登记管理开采利用数×100%	
		社会效益	农田水利利用情况	是否达到设计指标	农田水利类
			农田治理产值保持率	当年度产值/前三年度产值平均值×100%	
			新增收益人口数量	是否达到设计指标	

一级指标	二级指标	三级指标	四级指标	指标说明	适用类型
效果	项目效益	社会效益	新增灌溉面积	是否达到设计指标	农田水利类
			恢复改善灌溉面积	是否达到设计指标	
			年新增节水能力	是否达到预期目标	
			年新增供水能力	是否达到预期目标	
			灌溉保证率	是否达到设计指标	
		生态效益	水利工程生态保护情况	水利工程对生态环境保护的影响情况	全部项目类型
			河流、湖泊、水库的水功能区保护情况	水功能区的持续保护与恢复情况	
			城市污水处理回用率	污水处理回用数/污水处理数×100%	
			水环境保护效果	当年水源环境报告较去年的改善情况	
			水资源承载能力提高情况	较上年度水资源承载能力提高量	
			环境供水保证率	是否达到预期目标，纵向、横向比较	
			水土流失治理率	是否达到预期目标，纵向、横向比较	
			清污分流情况	是否达到预期目标，纵向、横向比较	
		可持续影响	对流域的防洪抗旱减灾的长期作用	项目预期长期效果是否能满足当地抗旱减灾的需求	水利工程运行与维护类
			对当地相关农业发展的促进作用	项目对农业发展促进作用的显著性	
			对水资源利用和水资源承载能力的可持续影响	设置不同层级，赋予相应分值进行评价	
			对供水区域的长期影响	项目对供水区域的长期影响情况	

续表

一级指标	二级指标	三级指标	四级指标	指标说明	适用类型
效果	项目效益	可持续影响	流域防洪的中长期效果	设置不同层级、赋予相应分值进行评价	水利工程运行与维护类
			水务服务的长效机制及效果	项目是否制定长效运行机制，能否满足当地水务需求	
			灌溉区域的长效影响	设置不同层级、赋予相应分值进行评价	
			除涝排涝的长效影响	设置不同层级、赋予相应分值进行评价	
		可持续影响	对水利发展的促进作用	问卷调查、电话调查、网络调查	水利设计和科学研究
			水资源利用的先导作用	问卷调查、电话调查、网络调查	
			研究与设计成果转化情况	纵向、横向数据比较	
			标准制定对水利发展的影响	设置不同层级、赋予相应分值进行评价	
		可持续影响	对水利利用水平提高的可持续影响	设置不同层级、赋予相应分值进行评价	水利开发与利用类
			对提高水利开发水平的促进作用	设置不同层级、赋予相应分值进行评价	
			对水利项目管理水平的支撑作用	设置不同层级、赋予相应分值进行评价	
		可持续影响	对解决自然灾害和确保工程安全的保障作用	设置不同层级、赋予相应分值进行评价	水利安全监测类
			对污水处理回用水平提高的可持续影响	设置不同层级、赋予相应分值进行评价	非常规水资源利用
			对非常规水资源利用整体水平的促进作用	设置不同层级、赋予相应分值进行评价	
			对雨洪资源利用开发的促进作用	设置不同层级、赋予相应分值进行评价	

续表

一级指标	二级指标	三级指标	四级指标	指标说明	适用类型
效果	项目效益	可持续影响	对地上与地下水源保护的作用	设置不同层级,赋予相应分值进行评价	水保及生态保护类
			生态环境保护的长期影响	设置不同层级,赋予相应分值进行评价	
			对提高流域水质的保障作用	设置不同层级,赋予相应分值进行评价	
		可持续影响	库区移民安置长效机制情况	设置不同层级,赋予相应分值进行评价	库区移民类
			库区移民后期扶持情况	设置不同层级,赋予相应分值进行评价	
		可持续影响	滩涂治理率	实际治理数/应治理数×100%	滩涂治理及围垦工程类
			围垦项目的长远影响	设置不同层级,赋予相应分值进行评价	